逆袭心法

写给出身平凡却又渴望改变命运的年轻人

周俊宇 著

WAYS TO OVERCOME ADVERSITY

电子工业出版社·
Publishing House of Electronics Industry
北京·BEIJING

图书在版编目（CIP）数据

逆袭心法：写给出身平凡却又渴望改变命运的年轻人 / 周俊宇著. —北京：
电子工业出版社，2024.3

ISBN 978-7-121-47231-2

Ⅰ . ①逆… Ⅱ . ①周… Ⅲ . ①成功心理 – 通俗读物 Ⅳ . ① B848.4-49

中国国家版本馆 CIP 数据核字（2024）第 018361 号

责任编辑：黄益聪

印　　刷：唐山富达印务有限公司

装　　订：唐山富达印务有限公司

出版发行：电子工业出版社

　　　　　北京市海淀区万寿路 173 信箱　邮编：100036

开　　本：880×1230　1/32　印张：7.25　字数：156 千字

版　　次：2024 年 3 月第 1 版

印　　次：2024 年 3 月第 1 次印刷

定　　价：58.00 元

凡所购买电子工业出版社图书有缺损问题，请向购买书店调换。若
书店售缺，请与本社发行部联系，联系及邮购电话：（010）88254888，
88258888。

质量投诉请发邮件至 zlts@phei.com.cn，盗版侵权举报请发邮件至
dbqq@phei.com.cn。

本书咨询联系方式：（010）68161512，meidipub@phei.com.cn。

前　言

　　我辛辛苦苦奋斗了 10 多年，可我的人生并没有什么起色。但是，当我提升认知、改变方法后，在短短几年时间里，我的收获竟然奇迹般地增长了几十倍。是的，要是我早知道这些方法就好了！

　　如果人生是一场赛跑，大家的起点相同，那么比的就是速度——谁的速度更快，谁就能更早抵达目的地。此时，速度是衡量胜负的唯一指标。

　　但是，每个人出生的背景、拥有的资源各不相同，我们所努力的终点，可能只是别人的起点。那我们还有赢得比赛的可能性吗？

　　此刻，就可能出现强者愈强、弱者愈弱的局面。不过，这是一个你追我赶的过程，哪怕起点较低的选手，只要速度够快，就有可能反转结局、实现逆袭。所以，速度仍然是最关键的因素。

　　其实，对于人生而言，我们最大的对手不是别人，而是自己。一个人最大的成就，就是用更快的速度超越昨天的自己，战胜自己。

现在，我们先来看一个关于成就的公式：成就＝能力 × 时间 × 效率 × 杠杆。一个人的能力越强，时间越多，效率越高，杠杆越大，他取得的成就就越大。

能力，从狭义上来讲，是我们分析问题、解决问题、达成目标的工具和方法，是我们赖以生存和发展的基础。除我们本身具有的绝对能力外，大多数能力都需要我们通过不懈的努力、持续的精进、大量的实践而获得。

时间，是人与人在努力上的最大差别。有的人一天工作 8 小时，有的人一天工作 12 小时，有的人一天工作 16 小时……你 3 年时间所获得的成绩，别人可能用 1 年时间就超越了。有时候，不是你不努力，而是你没有别人努力。

然而，这里的时间并不是简单的时间叠加，而是高效的时间利用。也就是说，你的勤奋必须是有效率的，有高效产出的。没有生产力的勤奋，都是"伪勤奋"。所以，我们要使用高效的方法，选择恰当的效率工具，效率越高，成就越大。

不过，一个人一生的成就，靠自身的努力，始终是有限的。我们假设一个人的平均年龄为 80 岁，20~50 岁是奋斗的黄金时期。但是一个人的能力再强，付出的时间再多，效率再高，其成就也是有上限的，这时应该怎么办呢？

简单，加杠杆就可以了。比如，你通过努力考上了清华、北大，你在求职时就能获得竞争优势，这张名校文凭就是你的杠杆；你的某项专业技能突出，在比赛中获得了一等奖，这种稀缺能力就是你的杠杆；你的能力让你站上了更大的舞台，在"贵人"的引荐下，你开启了更大的事业，这个"贵人"就是你的杠杆。

当然，你还可以利用团队、产品、影响力、资金、时间、资源等杠杆。只要你的能力内核足够强大，你就能将其复制放大，撬动更大的利益，从而让你的成就最大化。

在这个公式中，能力的获取，主要靠思维的提升、认知的升级、刻意的练习及大量的实践；时间的获取，主要靠时间的管理、长期的坚持；效率的获取，主要靠注意力管理、效率工具；杠杆的获取，主要靠杠杆思维、资源整合。

假设我们人生的阶段性目标是从 A 点到 B 点，按正常的能力水平，需要 3 年才能达成。如果我们加强学习和实践，提升了能力水平，可能只需要 2.5 年；然后通过增加工作时间，提高效率，可能只需要 2 年；再优化策略，借助人脉或者资源杠杆，可能 1 年就达成了。这就是极速成长的巨大价值。

我们再来看看这个公式：成就 = 能力 × 时间 × 效率 × 杠杆。只要我们的能力越强，时间管理越科学，效率越高，杠杆越大，我们取得的成就就越大。而能力、时间、效率、杠杆都取决于一个因素，就是我们的成长速度。成长速度越快，成就就越大，这就是极速成长的要义。

在大学毕业后的 10 余年里，我从事了 10 多个行业，经历了大大小小几十次失败。我不断踩坑，不断遭遇困境，成了名副其实的"踩坑大王"。当我回首过往，深度复盘后，发现成长缓慢是我屡遭失败的主要原因，我的成长速度远远追不上我的勃勃野心。

后来，我通过大量学习和实践，在短短 2~3 年内，获得了飞速成长：我从性格内向、不善言辞，进化成了演讲达人，即使面对数千人的舞台、央视的采访，我也能轻松面对；我从红海竞争中发现了商机，创造了多个行业礼品全国销量第一的纪录；经过刻意练习，我的单次销讲创造了业内的销售奇迹；我也曾帮助一家企业仅用短短 1 年时间，就实现了销量百倍增长。

关于成长的很多经验，我迫不及待地想与你分享。比如，成长与年龄无关，不断突破才能获取成长的营养；人生有很多坑是不需要我们以身试险的，学习他人的经验至关重要；时间不是我们的竞争力，投入压倒性时间，才是我们的竞争力；选择很重要，在关键节点选择错误，会导致一生的遗憾；年轻时要在正确的方向上敢于犯错，抓紧试错，否则时间不会再给我们机会……

在这本书里，我把自己的亲身经历，以及让我不断成长的方法和经验都写下来，分享给你，从思维、认知、学习、选择、创业、人际关系等多个方面对成长进行了剖析，希望我踩过的坑，能够成为你极速成长的垫脚石，助你披荆斩棘，大步前进！

CHAPTER 1

以小见大
——每件小事都有成长的营养

CHAPTER
2

极速成长
——从低速到高速的秘诀

CHAPTER
3

成长聚焦
——精准成长需要重点关注的那些事

CHAPTER
6

人际关系
——高速成长的助推器

CHAPTER
7

多维成长
——成长，不止一面

CHAPTER

1

以小见大

——每件小事都有成长
的营养

1.1 这句话，让我终身受益

关于成长这件事，我很想和你讲讲大道理，可又担心你不感兴趣，毕竟，这个世界充满了大道理。于是，我决定做给你看。

时间要回到 20 世纪 80 年代，我出生在四川的一个农村里。那时候的农村能有多富裕呢？大家想一想，就应该知道我的家底。瞒不住了，我还是老实交代了吧！

我的爷爷是农民，我的奶奶是农民，我的爸爸是农民，而我的妈妈呢？她恰好也是农民。咱们家世世代代都是农民。这完全靠祖传，没有半点诀窍可言。如果我子承父业，那我就是名正言顺的接班人了。

咱们家里最贵的家电是手电筒，别人家里最贵的叫作黑白电视机。村子里大人小孩最大的爱好，就是跑到别人家蹭电视机看。于是，一台台别人家的电视机承包了一群人的快乐。

小时候，我的工作很简单，主要是读书，然后再帮爸妈干点小农活。对于读书这件事，在我爸妈的眼里，不过是例行公事罢了，因为到了读书的年龄，邻居家的孩子都去读书了，如果我不去读，爸妈的面子是挂不住的。

其实，他们对我并没有抱什么期望，只希望我长快点，以后

第 1 章 以小见大——每件小事都有成长的营养 ‖ 003

和他们一起干农活，帮家里减轻些负担。可我能长多快呢？总得一岁一岁地来，是不？

后来，有个小奇迹发生了。我第一天上幼儿园的时候，老师教我"1+1=2"，然后我举一反三，就知道"1+2=3""2+3=5"这类知识了。老师直呼我是小天才。于是，我在幼儿园上了几天学后，就被破格提升到隔壁的一年级读书。爸妈倒没有觉得我天赋异禀，他们最大的喜悦是，家里可以节约 1 年的学费了。

通过一段时间学习，我在班里组织的几次考试中，都拿了高分。有一天，我站在地里看着爸爸锄草。他突然问我，最近学习怎么样。我说还可以，语文刚刚考了 98 分，数学考了 100 分。爸爸说："我才不信呢，小小年纪不要吹牛了！"

好吧，就当我没有说过好了。毕竟我是他的接班人，就算分数考得再高，以后不过是挖地锄草更厉害一点罢了。这是我们祖祖辈辈的宿命，小小的我，还能有啥想法呢？

很快到了小学四年级，又是新的一学期。我向爸爸要钱交学费，他叹了一口气，然后拉着我的手语重心长地说："你去跟老师商量一下，书先读着，学费缓 1 个月再交，行不？"

什么？我去商量？我才多大啊，我有那商量的口才吗？这是干啥呀，大家不是说好分工合作吗？我负责读书，爸爸负责给我交学费。这学费才几十块钱而已，我的天啊，我都快崩溃了！

问题的关键是，同学们都交学费了，就我一个人不交，我好意思上学吗？我的脸应该往哪里搁呢？糟糕，又让大家知道咱们家比别人家穷了。唉，太尴尬了！

后来我是怎么交上学费的呢？我还清楚地记得，爸妈正在家里发愁的时候，猪圈里的猪闹着要吃午饭。好了，就这样办吧！爸爸一拍大腿，那头猪成了"冤大头"。当天下午猪儿被拉出去卖的时候，又吼又叫的，情绪很失控。我们迫于无奈，只好委屈它了。

当晚，我难以入眠。我的脑袋瓜子一直在琢磨一件事情：咱们家祖祖辈辈都是农民，都这么多代人了，咋还这么穷呢？是爸妈不够勤快，还是收成不太好？都不是啊，究竟哪里出了问题呢？

这个答案，很快就浮出了水面。临近春节的时候，村子里慢慢热闹起来。小孩放假了，外出的人也回家过年了。我发现放鞭炮最多的家庭，就是那些有电视机的"别人家"，这些家庭的年轻人几乎都在外面打工。他们回来对孩子说得最多的一句话就是："你们一定要好好读书，长大了才有出息啊！"

哇，真是一语惊醒梦中人！这些见过世面的人说的话犹如平地惊雷，深深地震撼了我幼小的心灵。于是，我对读书产生了更加浓厚的兴趣，同时对继承父亲基业的信心开始有所动摇。如果他知道了，会不会有一点点失望呢？

小时候，我最珍贵的财富，自然是春节的时候大人们给的一点点压岁钱。我把钱积攒下来，平日里最爱买一本叫作《故事会》的杂志。看故事不是目的，看中缝和尾页的小广告才是我最大的兴趣所在。你知道这些广告的内容吗？

1元成本包赚20元的秘籍，投资3元赚50元的不传之秘，1

天钓 30 斤鱼的绝技，10 元探测金银矿的仪器，种植某某经济作物年赚千元的方法，养殖某某动物包回收的高利润项目……

我的天啊，我的小心脏哪受得了这些广告的刺激啊！这些秘籍绝招都是打包收费的，说得时髦一点，就是知识付费。于是，我悄悄地把买信息费的钱装进信封，按照对方的地址邮寄过去。半个月左右，我就会收到薄薄的一份资料合集，里面全是各种发财项目的深度解密。晚上，我打着手电筒在被窝里看得如痴如醉，我感觉我很快就要成为咱们村的首富了。

除了几个投资大的项目令我望而却步，其他几个投资几元钱的，我都试过了，可没有一个成功的。我的压岁钱就这样全军覆没了。我时常感叹自己太笨，这么多经典的方法都被我搞砸了，看来一夜暴富是无望的。正当我踌躇满志时，我的耳边突然又响起了那句话：一定要好好读书，长大了才有出息啊！

后来长大了我才发现，这简直是朴素的名言、一生的真理啊！我把这句话听入耳中，放在心里。它时时刻刻警醒着我，鞭策着我，让我终身受益。毕竟，当时对于一个压岁钱被人收割得干干净净的人来说，这是唯一的出路了。

一转眼，我考上了乡镇的初中，每天上学来回要步行 2 个多小时。虽然有点辛苦，但我看到了更大的世界，得到了更快的成长，同时，也发生了一些不可思议的事情……

【逆袭心法：小草和大树最大的差别不是身高不同，而是基因不同。只有播下一颗大树的种子，才有机会看见一棵参天大树。】

1.2　成长，几乎都是从这件事开始的

　　小时候，我便发现父亲其实也有非常"强大"的一面，并且他还把它成功地遗传给了我。究竟是什么呢？内向。

　　我害怕跟人说话，害怕跟人玩。小学二年级的某一天，邻居让我给班上的一个同学带话，让他第二天到邻居家里去吃饭。结果我鼓起勇气第三天才跟同学说，导致那个同学完美地错过一顿饭，气得哇哇大哭。

　　上初中时，同学们都三三两两地聚在一起玩。我没有玩伴，只好看看书、写写东西、做做题，所以，初一的时候，我的作文就上了《蓓蕾报》。期末考试，我竟然莫名其妙地考了全班第一，然后接二连三地拿奖状，家里那堵墙被我贴得密密麻麻。

　　爸妈看到这阵势，差点被我搞蒙了。既然能读书，那就好好读呗。于是，我的伙食也变得好了：早上两个鸡蛋，晚上两个鸡蛋。家里那只老母鸡几乎承包了我初中时期所需要的全部营养。

　　然后，我的小伙伴也多了，好像我的内向并没有影响他们和我做朋友。老师经常让我做分享——讲讲学习心得、考试经验。这不是为难我吗？我该怎么讲呢？

　　其实，我的诀窍就是把学过的课程多复习一遍，没有学的课

程提前预习一遍，然后多做做题而已。由于基础很牢，所以学起来更快，因为这个好习惯，我一直都保持着领先优势。

在学习上的额外付出，让我尝到了甜头。后来，学校组织了一次全年级的演讲比赛，老师派我参加，我惊得一身冷汗。开玩笑，别说演讲，平时让我在班里领读一篇课文，我都有些胆怯。可任务布置下来了，我还有啥办法呢？

我做了充分的准备——花了3天时间把演讲稿写好，然后利用空余时间在家里背诵。演讲那天，人头攒动，热闹非凡，但令人惊讶的是，平日里看似普普通通的学校，居然是藏龙卧虎之地。学校突然人才辈出，个个才华横溢。我瞬间如临大敌，压力陡增。

马上轮到我上场了。我临时做了一个大胆的决定：脱稿演讲。脱稿演讲并不是我的专利，但前面的选手都是这样干的，我是被逼上梁山的。我刚刚讲了几句就卡壳了，接着就是无休止的结结巴巴。我亲眼看见坐在前排的班主任故作镇定，可他的眼镜明明都快被吓掉了。

最终，我对自己的结巴实在忍无可忍了。我做了一个伟大的举动——急忙从口袋里面掏出提前准备好的演讲稿，慌慌张张地打开，逐字逐句念诵了起来，那声音颤抖得跟触电似的……

当我读完最后一句话时，我发现我们班的同学都惊呆了，其他校友都忘记了鼓掌。我尴尬至极，给大家成功地示范了一次学校有史以来最失败的演讲。我恨不得马上消失在空气中。真的，我太难了。

那段时间，我心里非常难受，但我最终坦然接受了这个事实。

后来回想起来，这件事至少让我学到了两点：

第一，如果没有足够的把握，就不要轻易冒险。 哪怕成绩差一点，也比搞砸了要强，同时，准备好应急方案，才有回旋的余地。

第二，努力不一定成功，但不努力，连成功的机会都没有。 如果你做的事情是正确的，就不要害怕出错，也不要怕丢脸和出丑。每一次失败，都会为成功累积经验。

其实，当时对于 12 岁的我，哪里懂得这么多，不过这些隐隐约约的道理正在潜移默化地影响我。不久后，我们学校要参加镇上的一个文艺比赛，参赛项目是相声表演，而我，又被选中了！

为什么选中我呢？我也不知道，难道各位领导没有看见我上次出糗的样子吗？难道我的长相适合说相声？这次我真的快被吓晕了，让我去说相声，这本来就是一个天大的笑话啊！

那段时间除了学习，我几乎把所有的时间都花在了练习相声上：每天朗读 5 遍，然后背诵 3 遍，再把内容默写 1 遍，直到我把每个小节、每个段落、每个关键词都烂熟于心。不仅如此，我还刻意练习了一些夸张的表情，差点把我们家那条土狗吓出神经病来。

很快到了比赛的日子，我们坐车到达镇礼堂。这次文艺比赛的规模很大，下面坐着的观众黑压压一大片。节目一个比一个精彩，可谓高手云集、英雄齐聚。我鼓起了最大的勇气，战战兢兢、颤颤巍巍地走上舞台，还没说几句话，便一阵哆哆嗦嗦、结结巴巴，不一会儿就紧张得汗流浃背、窘态百出，把观众们逗得哈哈大笑……

　　我和搭档终于表演完节目，我们松了一口气。真是太悬了，差点儿又搞砸了。文艺表演结束后，进行了颁奖仪式。当颁发一等奖的时候，主持人居然念到了我们的学校和我们的名字。我们以为自己在做梦，直到主持人第三次催促的时候，我们才激动地冲上了舞台。

　　由于当时我太兴奋了，尴尬的一幕出现了：我穿的皮鞋是爸爸的，只不过我在脚尖塞了 2 双袜子，这样穿起来才不会掉，但我跑得太快了，皮鞋一下子就飞了。不过这些都不重要，当我领到奖状的那一刻，一切的尴尬都不足挂齿了。

　　初中三年，是我最快乐的时光，我所有的成长都得益于额外的付出。后来，当我读到凿壁借光、悬梁刺股、映月读书这些故事时，不禁偷偷乐了，我的条件可比他们好多了呀！

　　如果你比别人付出得少，你可能会落后于人；如果你和别人付出得一样多，你们可能旗鼓相当；如果你一直都额外付出，你一定会比别人得到更多。我想，懂得额外付出的人，一定是上天最眷顾的人。人生所有的成就，都是从额外付出开始的。

　　【逆袭心法：我们多付出的那一点儿，正好是我们比别人更优秀的那一点儿。我们很难比别人更聪明，所以，我们不妨比别人更努力。】

1.3 人生的分水岭，千万不要在这里走错了路

一轮轮考试，一张张试卷，把我送到了县高中。

刚到学校不久，因为一次考试失利，我成了班主任的重点关注对象；又因为有一次少带了一本练习册，班主任对我说："你暂时不用来上课了，回去好好反省反省！"

没办法，我只好回宿舍去认真反省。第二天，我主动找班主任认错，说自己反省好了，可他还是不让我去上课。我每天都去认错，他始终不允。10 天后，我几乎要崩溃了，对他也失望透顶了。

后来，他行使特权，把我转到了另一个班。是的，我被老师冷暴力了。我心里蒙上了阴影，对老师产生了偏见，在学习上也变得心不在焉了。那段时间，我麻木而痛苦地活着，心里难受极了。

师者，所以传道授业解惑也。曾子说，吾日三省吾身。难道我遇到的这位老师要反其道而行之？如果为人师表而不懂得自省的话，那学生就要为老师的懒惰买单了！

后来我才知道，原来我不小心碰到"暗礁"了。在我的中学时期，特别是高中阶段，有四块巨大的暗礁，稍不留神，就可能

迎头撞上。为了避免事故，我应该提前做好防范工作。

第一块暗礁：老师的彩色眼镜。那个年代，有些老师的眼镜是特殊材料做的，他们看每个学生的色彩是不一样的。他们有一套独特的色彩管理办法，作为学生，最好成为他们喜欢的颜色。

但是，老师不是圣人，偶尔也有犯错的时候。他们的语言、行为可能会伤害到你，这不过是恨铁不成钢的担心而已。你应该怎么做呢？

首先，和老师做朋友，多向他们请教问题。你的成绩不一定要非常优秀，但你虚心的态度非常重要。其次，如果老师的行为侵犯到你的权益，影响到你的正常学习，你应该申诉，甚至反抗，没有任何人可以剥夺你学习的权利。你要对自己负责，不能沦为冷暴力的牺牲品。

第二块暗礁：同学的无意伤害。中学时期，我们的小团体意识非常强烈，成绩好的同学会聚在一起"华山论剑"，成绩差的同学会成为"黄金搭档"，不同的小团体有不同的文化，不同的文化会走上不同的成长之路。

一个人的认知水平，是与他来往最为密切的 6 个人的平均水平决定的。当一个小团体水平相当，臭味相投，成绩都不理想时，危险之神就慢慢走近了。

于是，有的人厌学，有的人贪玩，有的人说读书不是唯一的出路，有的人大谈人生理想。如果你想努力一点，就会显得与他人格格不入，甚至有遭受鄙视的风险。

此刻，你需要把自己孤立起来，默默地努力，认真地学习，然后慢慢离开这个小团体，远离他们无意的伤害，和那些比你成绩更好、更优秀的同学做朋友。这才是你唯一正确的自救方法。

第三块暗礁：家长的无能为力。一个当家长的朋友说："现在的小学作业那么难，我作为本科生看着都头大。我可能只有进修成为博士，才能在孩子面前抬起头来了。"小学作业尚且如此，那中学作业对家长们来说，更加爱莫能助了。为了孩子，家长们真是操碎了心啊。

其实，比起自己在孩子学习方面的无能为力，家长更应该关注他们的心理健康、思想意识、人格健全、抗压能力等，在他们认知和成长方面下足功夫。我们要用心为他们培育成长的土壤，而不要无意地折断他们欲飞的翅膀。

第四块暗礁：个人的鼠目寸光。在高中阶段，当我有了一定的认知基础后，我的思想意识就更加活跃了。有时候我认为，不读书又怎样，只要努力，机会到处都有。即使不上大学又怎样，某某只有小学文化，照样成为中国的首富……

我以为自己长大了，其实不过是更加天真幼稚罢了。如果我是一条鱼，当时我感觉自己都能在油锅里面游泳。

人生最大的遗憾，就是当我们眼界有限时，总认为自己是正确的；当我们遭遇挫折时，又常常后悔莫及。每个人都有一个成长的账本，我们今天欠下的，明天一定会加倍偿还。

当年，某高考生以 0 分交白卷的"壮举"，成为很多人的偶像。当他意气风发、壮志凌云的时候，可曾想到，后来自己会在社会上遭受那么多折磨，吃尽了苦头。当记者采访他时，他说他只想重来一次。

有一段父子间经典的对话。儿子问父亲，人为什么要读书。父亲说，一棵小树长 1 年，只能用来做篱笆或当柴烧；10 年的树可以做檩条；20 年的树用处就大了，可以做梁、做柱子、做家具。

李嘉诚说，读书不一定会增加你一生的财富，但一定会增加你一生的机会。所以，读书是我们不断进阶、不断破圈的最好方式，是通向高阶最低的门槛。难道还有比读书更好的逆袭之路吗？

在高中很长一段时间里，我态度消极，成绩直线下降。当我看着父亲挥舞着锄头，母亲在地里辛勤地劳作时，我不禁深深地自责，耳边又响起了那句话：一定要好好读书，长大了才有出息啊！

读书，改变了多少人的命运；高考，成了多少人的人生分水岭。能读书，则好好读；即使成绩不理想，也要摆正心态，好好成长。我们千万不能在这里迷茫，更不能在这里走错路；否则，我们迟早会为这一段懵懂岁月而抱憾终身。

虽然说不以考试论英雄，不以成绩定乾坤，但我似乎也没有更好的选择。时间转眼即逝，我匆匆参加了高考，还不知道接下来的命运是什么。

【逆袭心法：读书，是普通人改变命运的唯一机会，是我们与他人竞争最公平的赛道。在应该读书的年龄读书，是我们唯一的任务。】

1.4 上大学，如果早知道这些知识就好了！

从小学到高中，学费节节攀升，大学更是耸入了云端。爸爸看着这么贵的学费，差点眩晕过去。他突然恍然大悟道："我终于明白为什么说知识无价了，原来从学费上就可以看出来了！"当把家里的谷子、小麦卖掉凑齐学费后，他更直观地感受到了这一点。

金黄色的九月，新鲜出炉的大学生们拖着沉甸甸的行李箱，在父母满怀期待的眼神中，奔赴各个城市，投入母校的怀抱。而我，在一辆绿皮火车的护送下，来到了美丽的成都。

这是个崭新的世界——车水马龙，灯火辉煌，美食美景，美不胜收。来自全国各地的同学们，相聚在充满历史人文气息的校园里。大家以自己喜欢的方式，开启了丰富多彩的大学生活。

多年以后，有人成了社会精英，有人成了企业高管，有人创业成功，有人四处漂泊，有人后悔不已。为什么同样经历了大学四年的学习生活，命运却如此天差地别呢？

后来，我才悟到了其中一些道理。我们从填报高考志愿说起。看似普通的选择，却暗藏着巨大的玄机，很多人的命运在这里就悄悄地发生了改变。关于城市、学校和专业，我们应该如何选择，才能拿到进入大学的第一副好牌呢？

首先，我们来看看大学所在的城市。**城市不同，信息量和能量不同。那时候，越大的城市，其信息量和能量越大，机会就越多；反之，越小的城市，其信息量和能量越小，机会就越少。**前者信息圈层等级高，你可以通过努力获得相对公平的待遇；后者资源圈层等级高，在小城市发展，你的人脉关系和资源就很重要了。

在经济飞速发展的今天，谁能拥有更多的信息和资源，谁就拥有更强的竞争力。社会的竞争，本质是人才的竞争，人才的竞争，在很大程度上是优质信息获取的竞争。信息时代早已来临，信息滞后，必定落后。

大城市的信息密集、人才密集、资源集中，强者愈强，几乎所有的能量都向这里聚集。大城市的格局，在一定程度上也影响着我们的格局，这里能让我们站得更高，看得更远，成长得更快。如果是同样的录取分数，我们应该选择到哪个城市学习呢？

其次，我们来看看学校。当你问一个毕业多年的大学生，他现在从事的工作和当年就读的专业时，你可能会惊讶地发现，大多数人的工作和专业都是不匹配的。社会发展太快了，也许当年很热门的专业，几年后就慢慢冷却了。有一些大学生刚刚毕业，就有被社会淘汰的感觉。

更重要的是，我们在填报志愿的时候，对世界的认知是远远不够的，未来的趋势我们也无法把握，甚至我们自己都不知道自己的兴趣和爱好究竟是什么。我们应该怎么办呢？

不必担心，学校的重要性远远超过了专业。当你对专业的选择有所迷茫时，不妨把目光转移到学校上来。当然，你有特别的专长或爱好除外，比如体育、医学、艺术等。

一所好大学，不仅有丰富的教学资源，还有良好的学习环境，以及更高的社会认可度，换专业和就读第二学位的空间也比较大，获得面试的机会自然更多，但唯一的需要提升的地方，就是你的高考分数得争气一点点。

最后，我们来看看专业。其实，想选到一个符合趋势，自己又很喜欢的专业是比较难的。除了一些专业性较强的学科，很多专业学习的内容其实并不是特别"专"的。我们在大学真正要学的，应该是适应社会的底层能力，而不是"狭隘"的专业能力。

所谓底层能力，就是可迁移、最通用的能力。比如，在工作中，我们需要思考、写作、沟通、演讲，这和语文能力息息相关；我们要分析、决策、规划，这又和数学能力紧密相连。这些能力几乎是任何岗位的"硬通货"，所以，我们可以重点关注一下这些方面的专业。

而所谓"狭隘"的专业能力，是容易衰老、过时的能力。比如，随着翻译软件和人工智能的出现，外语专业的生存空间逐渐被挤压，如果确有需要，我们可以利用闲暇时间进行学习，用大学四年的黄金时间来学习一门语言，是需要考虑的。

现在我们可以看出，对于大学的选择次序上，首选大城市，次选重点大学，再选可以增强底层能力的专业，即城市＞学校＞专业。当我们走向不同城市，进入不同学校，就读不同专业的那一刻，几乎就决定了不同的人生之路。

选定大学只是第一步。接下来，我们应该不忘初心，好好学习，认真践行"六要四不要"原则。这是一代代大学生们口口相传的秘诀，是他们多年来凝聚的心血。我们赶紧来学习一下吧！

所谓"六要"，就是我们应该在大学期间完成的六件事。这六件事，是我们分内的事，也是我们有效提高竞争力的事：

（1）要熟练使用常用的办公软件，学会制作 PPT，视频拍摄、剪辑及简单的处理，这对以后的工作大有帮助。

（2）该考的证书都要考下来，比如英语四六级证书、会计证书、计算机等级证书、驾驶证等。

（3）要努力争取评优评先的机会，争取拿到奖学金，这些都是个人简历上的亮点，会增加面试成功的概率。

（4）要有选择性地参加一些社团活动，锻炼自己的人际交往能力。

（5）从大一开始，就要对自己的某项爱好进行投资，并适当参加一些实践活动，尝试一些有价值的兼职工作，提前做好对未来的规划。

（6）至少要做一次志愿者或者义工，练心胜于练技。学会做人，心怀善念，才能拥有幸福的人生。

而"四不要"，就是四件我们不应该做的事：

（1）不要挂科，不然保研、评奖评优、加分荣誉都跟我们没关系。

（2）不要贪图享乐，不要玩物丧志，不要沉迷于游戏，更不要逃课。

（3）不要攀比，不要超前消费，不要过度消费，不要触碰网贷、校园贷。

（4）不要轻易恋爱，90% 以上的校园恋爱都是不能走进婚姻殿堂的。

最后，我们一定要清晰地认识到，大学只是一块敲门砖，不要误把学历当能力，只有硬实力，才是在社会中生存唯一的通行证。当我们骄纵任性、虚度年华时，最好想象一下自己多年以后悔不当初的样子。

四年时间里，每个人都以自己理解的方式过着大学生活，有人孜孜求学，有人彻夜不归，有人追逐爱情，有人把青春的配菜当主食充饥，有人腹中空虚得过且过。今天你怎么对待时间，明天时间就怎么对待你。加油吧，青春！

【逆袭心法：大学是人生第一个重要的分岔口，对城市、学校、专业的选择尤为重要。环境不同，圈子不同，人脉不同，人生自然不同。】

1.5　做好这件事，就能领先大多数人

最美好的大学时光，时间都去哪儿了？

阿 D 用来谈恋爱了。他天天和女朋友煲电话粥，隔三岔五地和她约会。大家都很羡慕他，可不到 1 年的时间，原本生活富裕的他，就开始过着 1 天 3 桶方便面的简约生活了。

老 C 用来玩游戏了。他一下课就钻进电脑里，天天沉浸在网络游戏中，好像和我们不是同一世界的人。他引以为傲的好视力，不到 2 年时间，就替换成啤酒瓶底厚的眼镜了。

大 H 拼命学习，不断考证，假期忙着找兼职工作，一年也没有休息过。当大家都在嘲笑他用力过猛时，他在大三就买了自己的房子，事业的发展一路顺畅，我们都傻眼了。

而我就厉害了。我利用大学的时间，又亏了一笔钱。事情是这样的。

从小就想着发家致富的我，虽然对未来的生活还充满迷茫和焦虑，但这并不能阻挡我蠢蠢欲动的灵魂。很快，又被我逮住了一个机会。

在大一寒假的时候，我无意间看到了一个权威媒体的报道——两兄弟通过种植养殖业创富的故事深深地感染了我。我决

定前去考察，如果可行，我就把项目引进回来让爸妈经营管理。这样一来可以给家里增收，二来不影响我的学业。我给爸爸一讲，他比我还要热血沸腾。于是，大家分工协作，我负责考察进货，他负责出钱干活。毕竟他是咱们家的"首富"，又是主要劳动力。

当时正值大年初三，我乘火车去福建省龙岩市永定区考察。由于没买到坐票，我差不多站了2天1夜，又换乘几次汽车才到达目的地。

公司业务员对我一往情深，我对项目一见钟情。我选定了几种经济价值较高的果树和一批山鸡种苗，并将它们托运了回来。然后，我和爸爸在屋前屋后的空地上把果树种了起来，几十只山鸡种苗被安顿在了小院旁边。那段时间，我们的脸上洋溢着对美好生活的向往。

可是，这些山鸡生活一段时间后，纷纷表示对水土不服，而那些被我们寄予厚望的果树，最终也让我们大失所望。父亲千辛万苦攒的那么点钱，就这样随风而逝了。他一声叹息道："唉，随它去吧……"

就这样，我帮父亲亏掉了一笔钱，虽然他有十万个不愿意。不过钱走了，却留下了教训。在这次创业中，我学到了三点非常重要的知识：

（1）做决定前，要多考察、多论证，不轻信、不冲动，冷静分析、细心思考。对自己投资的每一分钱都要认真负责，大多数投资都是因为头脑过热而导致失败的。

（2）世界上没有容易的事，要么充满陷阱，要么难度较高。

别人能做的事，我们不一定能做，我们要做的事，一定要有制胜优势。

（3）对时间管理的认知，是我这一次最重要的收获。在《高效能人士的七个习惯》一书中，作者史蒂芬·柯维对时间管理进行了详细阐述，提出了著名的四象限法则。我们以事情的重要、不重要为纵轴，紧急、不紧急为横轴（见图 1-1）。

在第一象限中的是重要且紧急的事情。这类事情无法回避，也不能拖延，需要及时处理，具有时间紧迫、作用重大等特征，比如一次重要的考试、会议、商务谈判等。

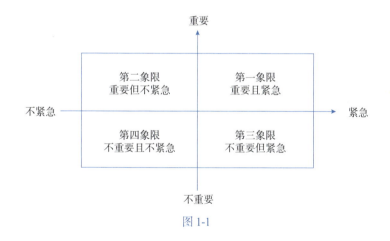

图 1-1

在第二象限中的是重要但不紧急的事情。这类事情虽然没有时间上的压力，却非常重要，它对我们的目标规划及中长期发展具有重要的意义，比如实施计划、维护人际关系、锻炼身体等。

在第三象限中的是不重要但紧急的事情。这类事情表面上很紧急，其实并不重要，所以具有一定的迷惑性和欺骗性，比如无谓的电话、朋友催促你参加的一场棋牌游戏等。

在第四象限中的是不重要且不紧急的事情。这类事情多半是日常琐碎的小事，会浪费我们大量的时间，比如无价值的聊天、无所事事的闲逛等。

接下来，我们根据四个象限的特点分别采取行动（见图1-2）：对于第一象限重要且紧急的事情，我们需要优先做；对于第二象限重要但不紧急的事情，我们需要制订实施计划；对于第三象限不重要但紧急的事情，我们可以授权别人去做；对于第四象限不重要且不紧急的事情，我们尽量少做或不做。

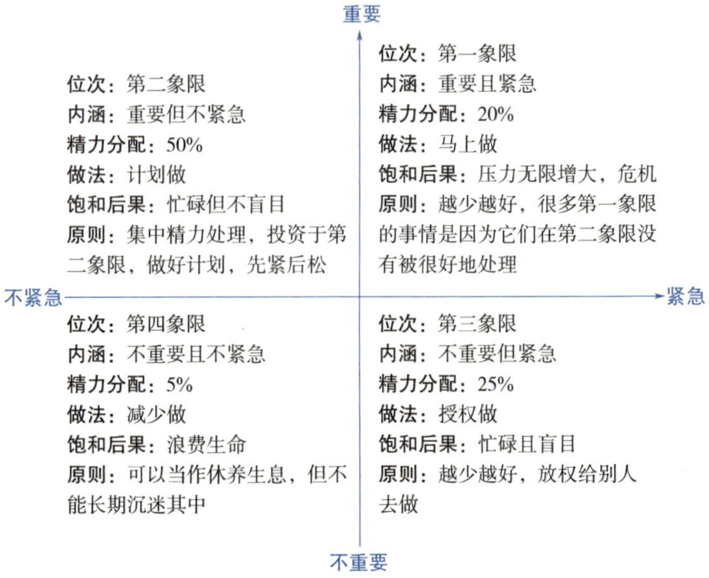

重要

位次：第二象限
内涵：重要但不紧急
精力分配：50%
做法：计划做
饱和后果：忙碌但不盲目
原则：集中精力处理，投资于第二象限，做好计划，先紧后松

位次：第一象限
内涵：重要且紧急
精力分配：20%
做法：马上做
饱和后果：压力无限增大，危机
原则：越少越好，很多第一象限的事情是因为它们在第二象限没有被很好地处理

不紧急 ———————————————————— 紧急

位次：第四象限
内涵：不重要且不紧急
精力分配：5%
做法：减少做
饱和后果：浪费生命
原则：可以当作休养生息，但不能长期沉迷其中

位次：第三象限
内涵：不重要但紧急
精力分配：25%
做法：授权做
饱和后果：忙碌且盲目
原则：越少越好，放权给别人去做

不重要

图 1-2

现在，我们可以把自己要做的事情罗列出来，比如工作、学习、写作、思考、健身、沟通、娱乐等，然后根据他们的特点，将其放置在四个相应的象限内。我们每个人每天都有 1440 分钟的时间，合理地配置这些时间，是我们快速成长的秘诀。

四象限法则是非常经典的时间管理策略，如果我们把时间当作金钱，那么它有三个流向：投资、消费和浪费。我们需要重点投资第二象限，合理消费第一、第三象限，坚决杜绝第四象限的浪费。不同消费时间的方法，会使我们得到完全不同的人生。

现在我们明白了，阿 D 做了重要但不紧急的事，耽误了自己的学习；老 C 白白浪费了大把时间，导致后来考试挂科；而我，看似做了正确的事，却不合理地消费了时间，并导致了亏损；唯有大 H 投资了时间，最终获得了丰厚的回报。

很多时候，我们常常以为自己是正确的，那是因为我们还没有看到时间给出的答案。我们一生中的大多数不如意和烦恼，都是把时间放错位置而引起的。不辜负时间的厚爱，在正确的时间里，做正确的事，我们就能领先大多数人。

【逆袭心法：我们不能在学习走路的时候幻想着奔跑，也不能在该奔跑的时候还没学会走路。人生不能急于求成，成长必须步步踩实，做好现在该做的，未来才能做想做的。】

1.6 刚刚工作，我就学到了三条至关重要的经验

很快到了实习期，我找了一份计算机信息整理工作。听起来是不是感觉特高大上？其实就是对公司相关的产品信息进行收集、整理、分析，并为决策提供依据的工作。这下明白了吧？

刚开始我也不怎么明白，当我天天面对电脑，表情从激动到平稳，再过渡到低落，直至面无表情的时候，我对这份工作才算彻底看明白。天啊，太枯燥无味了，我简直受不了了。工作满 2 个月的时候，我主动辞职了。主管看着我麻木的表情，应该也明白我为什么走了。

如果一份工作没有丰富的营养，不能让你产生浓厚的兴趣，也不能让你拥有源源不断的动力，你大概很难从中获得成长了。听从自己内心的声音，去做有价值、有意义，又令你激情澎湃的工作吧，不要浪费时间，因为只有这样的工作，才能安放你内心深处的灵魂。

很多人的工作，都是为了配合、应付，就像演员一样，按照固定的角色和脚本去演绎剧本。可如果在一部戏里，我们找不到激情和梦想，又如何去演绎自己的精彩人生呢？

一个月后，我来到一家食品公司工作。这家公司主要做休闲

食品，其产品主要供应给各大超市。我主要给老板当助手，负责一些基础性的策划工作。这能提高我的市场嗅觉，锻炼我的策划能力，我很喜欢这份工作，但后来我发现了两件事。

第一件事，有一批临近保质期的原料，口感已经有些变味了，完全可以做销毁处理了，但老板为了避免浪费，要求生产车间尽快将其加工成成品。老板在追求利润的道路上，已经忘了品牌的初衷。

第二件事，几乎每2~3天都有经销商到厂里来洽谈生意，老板在接待宴上给他们讲得最多的是利润空间，而不是品质和品牌。每次接待宴结束后，和经销商一起打牌是必备项目。这还远远不够，为了进一步提升牌艺水平，老板常常在上班时间和几个副总在一起深度切磋。我一直在想，老板不开个娱乐公司真是浪费人才啊！

老板的性格决定公司的性格，老板的格局决定公司的格局。你在公司的命运怎么样，看看你的老板就知道了。老板的格局、品质、能力，会渗透到公司的方方面面，直到这家公司的品性和他相似为止。我想，这家公司肯定没戏了。3个月后，我便辞职了。不到5年时间，这家公司便慢慢衰亡了。

后来，我又收到了2家公司的工作邀请。经过比较，我选择了工资较低的日化公司。为什么呢？因为在这个阶段，我在乎的不是工资的高低，而是能力的增长和经验的累积，这个关键认知对我的成长非常重要。事实证明，我的选择是非常正确的。

在日化公司，我应聘的是销售工作。虽然我内向的性格早已得到了突破，但是比起其他销售精英，还有很大的提升空间，我觉得应该刻意训练一下了。

为了扩大品牌影响力，深耕各大社区，公司策划了一个"品牌进社区"活动。我们销售部工作人员的任务，就是每天抱着一箱洗发水进小区销售。销售模式是陌生拜访，销售诀窍是脸皮要厚、口才要溜。对我来说，难度指数达到了五颗星。

我第一天销售了 3 瓶，第二天销售了 5 瓶。天啊，我这完全是垫底的节奏啊！我有点急了，赶紧分析了一下，发现这项任务有三个难点：

（1）很多小区不让外来人员进入。

（2）敲门次数越多，信心衰减越快。

（3）上门逐一推销，销量有限。

怎么办呢？我得改变一下思维了。第二天，我去农贸市场买了一些蔬菜，然后扛着一大箱洗发水就出门了。当我走到目标小区门口时，小区保安看我提着一口袋蔬菜，还扛着一箱东西，二话不说，就帮我把门打开了，还满面笑容地帮我把洗发水搬到单元楼下。说实在的，这真令人感动。

这一次，我改变了策略——不是从一楼敲门到顶楼，而是从顶楼敲门到一楼。这样即使信心遭受打击，我还能鼓起勇气继续完成任务。直到有一家业主很排斥这种上门推销的方式，他立马打电话给物业投诉。当我看到那个保安疯狂追赶我的样子，我才知道，原来他不是真的对我好。

后来，我再次改变了策略。我直接找到了带头跳广场舞的大妈，把我的提成利润分了出去。把大妈"搞定"后，我再也不愁销量了。然后我就不断扩大规模，不断复制这种销售模式，而销售部很多同事每天还是只能销售几瓶洗发水，甚至还有人与"0"深情相拥。

于是，我很快当上了主管，并准备晋升经理。在这几段实习的经历里，我学到了三条重要的经验：

（1）选择热爱的工作，才能让我们的生产力最大化。

（2）看一份工作的天花板，看看自己的老板就知道了。跟随靠谱的老板，才有理想的发展空间。

（3）在职业发展初期，高成长性比高工资更重要。抓紧一切时间，锻炼技能，累积经验，才能为自己的高速成长积蓄能量。

后来，由于内部管理问题，火速发展的日化公司熄了火。我又陆续做了其他一些行业，直到有一天我认识了一位大哥，这位大哥改变了我 3 年的运程。

【逆袭心法：不要为了工作而工作，而要从工作中获得营养。不能帮助我们成长的工作，就是在浪费我们的时间。】

1.7 我至少浪费了 1095 天，我想为你节约 1095 天

大哥是个"知识分子"，戴一副眼镜，文质彬彬，是做医药业务的。他比我年长 10 岁有余，住洋房，开豪车，成功人士的基础配置都到位了，实力碾压一切仰望者。我们因为一次业务机会而相识，一来二去，大家成了好朋友。

与高人为伍，与智者同行，我对大哥的敬仰之心，如滔滔江水，连绵不绝。我经常虚心向他请教生意经，他每次都口若悬河、滔滔不绝地为我解答。后来，可能是我的孜孜好学感动了他，他决定带我入行。

一旦有了"贵人"指路，很快你便能看到一道耀眼的光芒照亮你的前程。我兴奋不已，感觉又抢到了致富列车的车票。不过，我们做的是医院板块的医药业务，如果我想参与，至少需要 8 万元的启动资金，主要用于在大哥公司进货和日常业务开销。这可咋办呢？

除了找我的"铁杆"父亲，我还有啥办法呢？那时候，父亲转变思维，摇身一变，早已从农民晋级为农民工了。他靠着勤劳的双手已在江湖闯荡多年。当我打电话把大哥的成功故事压缩成 1 分钟的浓缩版告诉他时，他倒先激动地问起我来："你觉得这事

可行吗？如果你想干，我支持你，需要多少钱？"

我惊喜万分，激动不已，父亲的支持让我越发感觉责任的重大。他东拼西凑，把自己积攒的一点钱也全部给了我。我收到钱的那一刻，心中百感交集。我默默地告诉自己，只能成功，不能失败。

接下来，在大哥的指导下，我熟悉了医院业务的开发流程。我的主要工作就是找到医院相关业务负责人，把大哥公司的产品推荐给他们，如果达成合作，基本就算大功告成了，接下来就是签订合同、发货、维护、结算等工作了。

是不是感觉特简单？其实对我来说，比登天还难。为什么呢？因为这里运行着另一套法则，不是你有能力、肯努力就可以了，如果没有一些背景资源，是很难搞定业务的。对于我这种一穷二白的人来说，哪有什么背景，最多只有忙碌奔波的背影而已。那一年，我费了九牛二虎之力，也只开发了两家小医院的业务。

我感觉自己上错了船，但大哥一直给我打气，说自己也是这样一步步做起来的。说得太对了，没有坚持，哪来的成功呢？在他励志故事的感染下，我很快又雄心壮志、生机勃勃了。

那时候，我只有实力开发一些偏远地区的医院业务，因为门槛稍微低一些。我几乎每周都要出差，各种费用居高不下，还经常出现入不敷出的情况。我有几次想放弃，可眼前的局面已经让我骑虎难下了：

（1）投入的沉没成本太高，放弃就意味着前功尽弃和亏损。

（2）现存业务是我唯一收入的来源，虽然有如鸡肋，但弃之实在可惜。

（3）业务的拖款情况十分严重，如果不加以维护，大概率会出现坏账。

更重要的是，父亲当初在外面帮我借了一部分钱，如果不能如期偿还，就会面临信任危机。那两年时间，我经常出差——白天是身体的疲劳，夜晚是内心的煎熬，却没有出多少业绩，我只能用忙碌的脚步来安慰内心的无助。

当然，大哥也没有忘记给我打气。他安慰我黎明马上就要到来了，让我千万不要放弃，还说会给我介绍一些资源。我仿佛又看到了一丝希望。

可是大哥画的饼还没有落地，我又遭遇了药品降价风波，加上结款困难，就这样，压倒我的最后一根稻草终于掉下来了。我眼前一黑，我的业务就这样破产了。很快，我的悲惨日子就到来了！

首先，各种催债电话接踵而来，我几乎被逼得手机都不敢开机了；然后，房租到期了，我好不容易才说服房东给我宽限了一个月时间；紧接着，生活费也没有了，我为了退一张卡得到30元钱，又为了节约2元钱的公交费，竟然走了接近3小时的路程。当我望着无尽的黑夜，问自己出路在哪里的时候，爸爸突然给我打来电话，说路过成都顺便来看看我。我的天啊！

我假装一切都好，急急忙忙把一堆书当废品卖了点钱。当晚，我佯装大款请父亲吃了晚饭，为了避免让他看出破绽，我只好说明天要出差。第二天，当我在车站与他送别时，望着他渐行渐远的背影，我心如刀割，眼眶通红。我强忍泪水，任无尽的悔恨将我撕裂……

　　我从事医药业务差不多有 3 年的时间，在这至少 1095 天中，我陷入了深深的泥潭。我越想挣扎，陷得越深，直到我再也没有力气反抗。后来，我进行了认真的思考和复盘，希望我这 1095 天的教训，能帮你获得 1095 天的成长。

　　第一，遵循长板理论，不要拿自己的短板与别人的长板竞争。当自己的工作无法发挥个人优势的时候，一定要提高警惕，认真审视，我们不能在短板区域浪费了自己宝贵的时间。

　　第二，当工作陷入瓶颈时，一定要站在全局的高度认真分析。如果没有必要的价值，就要当机立断，及时止损，没有壮士断腕的魄力，最终会让自己陷入越来越糟的境地。

　　第三，面对陌生的行业，前期的调研工作非常重要。确定项目后，可以小资金试水，决不能一次性投入太多。小成本试错是任何投资必须坚守的原则，否则很容易陷入被动的局面。同时，不要对他人寄予过高的期望，命运永远只能掌握在自己手里。

　　连续下了一周的雨，我望着窗外，雨雾朦胧，模糊不清。我心情沉重，陷入迷茫。接下来，我应该怎么办呢？

　　【逆袭心法：千万不要借钱创业，虽然有可能取得成功，但失败的概率往往更大。我们要稳步成长，不要用弱不禁风去博一个高风险的未来，不要当一个赌徒。】

1.8　吃下这种苦的人，成长得都很快

在一位朋友的主动帮助下，我的生存问题才得以临时解决。谁是真正的朋友，只有在你最落魄的时候才能发现，此言果然不虚。

接下来我应该怎么办呢？我有两个选择：选择一，找一份工作暂时渡过难关；选择二，摆地摊。经过再三思考，我选择了后者。开玩笑吧，为什么要去摆地摊呢？因为有债务需要不定期地偿还，我需要快速地挣钱。

我有一定的策划和销售能力，在地摊行业具有明显的竞争优势。摆地摊门槛低、资金周转快，只要方法得当，收益比上班可观。

最重要的是，我想锻炼一下吃苦的能力，磨炼一下自己的意志力。这种苦值得吃，而且即使现在不吃，以后也得吃。

我想办法凑了一些启动资金，然后买了一辆摩托车，这基本上算是我最贵的创业装备了。我在网上查询了一下地摊爆品，然后到成都批发市场进行了深度调研，最终确定了几个本地的批发商和产品。

有了上次创业失败的教训，我加强了风控意识。当我和批发

商谈好最终价格后，我会适当加一点价给对方。比如，如果价格是 10 元，我会给对方 11 元，不过我有一个附加条件，即产品如果滞销，我可以无条件地退换货，这样我就提高了自己的反脆弱能力。

江湖上传闻已久的"地摊行业"，历经千年而不衰，其流程是怎样的呢？我是这样操作的：提前一天在商场、集市、农贸市场等地方找好档口；然后向管理人员缴纳档口费用；确定好档口后，再到批发市场去进货，为第二天的销售做好准备。

早上 6 点不到，我就骑摩托车拉着货风风火火地向档口出发了。由于我进的货都是轻便的产品，一辆摩托车就可以搞定了。当我把产品摆好，差不多就快到 8 点了，我匆匆忙忙啃个面包，就陆陆续续上客了。

摆地摊有三大法宝：吸引力，产品演示，占便宜的感觉。一般情况下，我会仔细研究产品的特点，再编 3~5 句顺口溜，然后准备一个小喇叭吆喝起来。来往的行人很快就被吸引了。紧接着，我就演示产品的特点，并报出令人难以抵抗的价格，基本上就能成交了。

不过，这是理想状态。摆地摊既有无人问津、浪费表情的时候，也有像"双十一"抢货的火爆时刻，这多少有些运气的成分。当然，实力也是非常重要的。比如，禁用喇叭的时候，你得有一副金嗓子；大家都有金嗓子的时候，你得有一副好口才；大家都有好口才的时候，你得来个清仓大甩卖。

对于一个刚刚入行，只能仰望地摊前辈的"小白"来说，我战战兢兢、诚惶诚恐，生怕开不了张。可万万没想到的是，因为我的选品好、营销能力强，我的生意往往是最好的。那时候，我单枪匹马一个人常常忙不过来，有几次竟然累得晕倒，把顾客都吓傻了。

然而，我的地摊事业并不是一帆风顺的。有时候会遭遇同行的恶性竞争，有时候会收到假钱，有时候会丢失货物，有时候会无功而返。更糟的一次，把我肺都快气炸了！

冬天，我经人介绍进了一批防寒服，进价59元，售价88元。嘿，这么实惠，一下子就卖爆了。可刚卖出去两天，就有人陆陆续续跑来要求退货。我正纳闷时，他们撕开缝线处——里面全是花花绿绿的棉花。糟了，这次我大意了。衣服里的棉花多半有问题！

我只好一一退钱。看着家里还剩下的防寒服，我忙给进货的人打电话。对方说稍后给我处理，后来就联系不上人了。我郁闷至极，把剩下的防寒服全部剪烂扔了。真是雪上加霜，我心痛极了。

我用仅剩的一点钱进了新的货品。在半路上，摩托车一不小心打滑把我摔得人仰马翻，货物散落了一地。我刚刚翻身起来，就接到了一个催债的电话。我只好摸着还在渗血的伤口说："好的，好的，谢谢你的理解，过几天我就能还你钱了！"

我还清晰地记得当初说话的语气是多么的坚定，我一边在为自己的错误买单，一边也让自己变得更加坚强。那段时间，我常常彻夜难眠，心里饱受煎熬。当我快挺不住的时候，我总是对自己说：一切都会过去的！

　　人在最孤单无助的时候，只有意志力才是唯一的救命稻草。放弃自己，随时都可以，唯有挺住，才有真正的出路。在最艰难的时候，除了自己，谁还能拯救我呢？

　　就这样，我差不多用一年的时间，靠摆地摊还清了所有的债务。算上利息，我没有欠任何人一分钱，这是我的本分。然而，多年以后，当我有一点点钱时，我借出的钱，70% 以上都没有收回来。金钱是人品的试金石，可能大家对钱的看法不一样吧！

　　在摆地摊的岁月里，我曾经偶遇了我的同学，我的朋友。他们百思不得其解，甚至感到惊愕：那是我吗？那是真的吗？哈哈，宁吃少来苦，不受老来贫。他们怎么能知道，这一次，我是专门来吃苦的。

　　【逆袭心法：身体的苦，磨炼我们的意志；心里的苦，强大我们的心力。人生，最怕的是不敢吃苦。吃得苦中苦，方为人上人。】

1.9 不断提高成功率的秘密，终于被我找到了！

摆地摊虽好，可不是长久之计啊，毕竟风里来雨里去的，而且把自己搞得像个"江湖人士"一样，也不是我喜欢的风格。后来，我认真分析，决定涉足大健康产业。说得这么大气，其实，我就是在一个健康管理公司找了份工作。

在 2 年左右的时间里，我认真学习，虚心请教，不仅学到了许多专业知识，还提升了自己的策划和营销能力。更重要的是，我的演讲能力得到了进一步强化，这为我下一步发展奠定了坚实的基础。

在这一段经历中，我并没有挣到多少钱。确切地说，我并不是为了挣钱，而是为了学到更多的东西，累积更多的资源。后来，由于发展瓶颈问题，我辞职了。我又要准备创业了。

这一次，我做了充分的准备。我信心满满地组建了团队，确定了目标，制订了计划，然后热火朝天地干了起来。可是，愿望很美好，现实很残酷。由于经验不足，我又一次失败了。

就这样，我辛辛苦苦积攒的一点钱又打水漂了。看着用 6 位数密码保护着的 3 位数存款，我头都肿了。无奈之下，我只好解散了团队。我呆呆地看着空空如也的办公室，心中不禁感到一丝悲凉。我再次陷入迷茫。

　　此刻，我再也不敢有丝毫的冒进思想了。原来创业并不是我们肉眼看到的那么简单。一个令人兴奋的想法想要成功落地，至少要经历九九八十一难。没有经历过苦难，如何能够取得真经呢？

　　接下来，我又做了两个和健康行业相关的项目。虽然过程有点激动人心，但心情最终归于平静——我还是失败了。我一下子瘫坐在椅子上，脑袋嗡嗡作响。创业为什么这么艰难？

　　后来，我花了一周的时间，反复解读和分析自己，包括我的性格、优势、劣势、能力、资源等。那时候，我常常问自己一句话：现在的我，做什么最容易取得成功呢？

　　我暂时放下了创业的想法，大概用了 2 年的时间，四处奔波，四处学习，四处请教。我不断尝试，不断试错，不断折腾。我始终坚信，总有一扇门是为我打开的。

　　夜深了，我躺在出租房的床上，辗转反侧，难以入眠。现在，我只有和仅剩的 4000 元钱相依为命了。可一想到它不久后就会日渐消瘦的样子，我就更加焦虑了。

　　第二天，我便背起行囊又出发了。我联系了一些在健康行业发展的朋友，决定再走出去看看有没有适合自己的商机。没想到，这一次我居然发现了一个机会，而这个机会，成了我的一个重要的转折点。

　　在这次考察中，我发现了一个小细节：很多健康行业的公司在做活动的时候，都会给客户赠送一些精致的小礼品。这些小礼品深受客户的喜爱，这引起了我的注意。

于是，我找一些经销商朋友了解了一些情况，并获得了以下信息：

（1）这些礼品是他们在网上采购的，有一部分是专业礼品公司提供的。

（2）礼品以精巧、独特、实用为主，采购成本从几元到几十元不等。

（3）他们对小礼品的需求频次较高，需求量比较旺盛。

这个生意我能做吗？我可只剩2000多元钱了啊！想到自己马上就要成穷光蛋了，我何不大胆尝试一下。于是，我马上找了几个礼品厂家，并分析了一下我的人脉关系，并制订了以下方案：

选择目前经销商用得最多的礼品，并和厂家谈好最低供货价；找到几个关系很好的经销商朋友，给他们展示我的礼品样品，并以极低的价格给他们供货，但前提条件是先付款后发货；为确保万无一失，我收到货款后，亲自到厂家进货。

就这样，我以低价竞争策略测试市场并取得了成功。我马上通过人脉关系扩大销售网络，优质低价成了我的制胜法宝。我原计划一天能挣上几千元就非常满足了，直到雪花般的订单向我飞来时，把我自己都惊呆了。不过，这仅仅是我礼品生意的第一阶段，一切才刚刚开始……

是不是感觉这次取得胜利特别的容易？其实，每一次成功都是无数努力的必然，看似行云流水般的顺利，背后都有很多隐性条件的支撑。没有一次次失败的累积，哪有成功的顺理成章？

忙碌了一天，发完最后一单货后，总算可以休息了。我望着窗外，夜幕早已降临，回顾过往的奋斗历程，我不禁感慨万千，长长地松了一口气。这下应该熬出头了吧？

我急忙给家里打了个电话，心里有万般抑制不住的喜悦。我有太多太多想说的话了，可当妈妈接起电话时，我竟一时不知道说什么好。我支支吾吾说了几句，便匆匆挂了电话。

在毕业后的 8 年时间里，我经历的大大小小的失败不下 20 余次。我一次次满怀希望，一次次跌落谷底。当我微笑着从谷底爬出来的时候，我都不知道哪里还有光亮。后来我才发现，希望源于永不止步，永不放弃，那些心里始终有光的人，随时都可以把自己点亮。这个伟大的秘密，终于被我找到了！

【逆袭心法：一路上，我不断尝试，不断精进。表面上，我在一次次遭遇失败；实际上，我正一步步走向成功。那些打不倒我的，终将让我强大。】

1.10 30岁前应该怎么做，我把这些经验告诉你

如果可以重来一次就好了！

是啊，如果每个人都可以重来一次，相信一定会比以前做得更好。周末的时候，我对毕业后的工作经历进行了复盘，整理了一下这8年时间的得与失，希望我的这些经验和教训，对你有所帮助。

第一，养成终身学习的好习惯。

学习分两方面：一方面是书本上的学习，另一方面是实践中的学习。我最大的错误，就是在毕业之后，很少花时间学习书本上的知识。当我不断踩坑的时候，我才发现，原来很多坑早已在书上标注得清清楚楚。我怎么不多看看书呢！

白岩松曾说："读书，是因为前方有一个更好的自己在等着你，世界上没有什么比读书成本更低、收效更大的投资了。今天不管你有多少困惑，在书中全有过，你所经历的一切，换成时代的背景，在各种书里头都有答案。"

所以，多读书，养成终身学习的好习惯，是我们持续成长最好的方式。

第二，做一个积极的实践者。

很多人看了几本书，就喜欢照本宣科、照抄照搬，最后沦为知识的奴隶。获取知识不是目的，利用知识指导我们在实践中受益才有意义。做一个积极的践行者，而不是一个理论家，让认知与实践相互促进、相互融合，我们才能比别人成长得更快。

第三，保持强烈的好奇心。

刚毕业的时候，我并没有马上对自己进行精准的定位，也没有考虑过一定要在哪个行业发展。我对大千世界常常充满好奇心，对新事物总是抱着开放的态度。世界不会抛弃我们，除非我们抛弃自己。

8 年时间，我从日化、食品、医药，到地摊、健康、礼品，再到今天的区块链、元宇宙，前前后后一共从事了 10 多个行业。我不是走马观花，也不是移情别恋，而是在不断探索，不断尝试，不断实践，只为发现更好的机会。

第四，为人生制订一个 ABZ 计划。

领英创始人里德·霍夫曼在《至关重要的关系》一书中，提出了一个著名的职业规划理论：ABZ 计划。该计划是根据我们的发展形势而设计的动态组合，主要用于解决人生或职业过于静态的问题。

A 计划，指我们当前从事的工作；B 计划，指 A 计划的替代方案，如果形势发生变化，需要改变目标或途径，我们就采用 B 计划；Z 计划，指在特殊情况下的保障计划，也是我们的退路。

计划永远没有变化快，如果只有静态的单一计划，当形势发生改变时，我们就会处于非常被动的局面。所以，我在做礼品生意的时候，还锻炼了演讲销售能力，同时，我也做了一些固定投资，这就是我的 ABZ 计划。现在想来，如果我在做医药业务的时候有一个 B 计划，是不是就不会那么狼狈了呢？

里德·霍夫曼认为，我们的人生经常不是一开始就知道自己要干什么，也未必清楚自己的优势以及市场到底需要什么。尽早给自己制订一个 ABZ 计划，在稳定工作之余，增加一些抗风险计划，这样的人生才会更安稳吧！

第五，每个人都有自己的时区。

在毕业后的 8 年里，大多数同学都买了房、买了车、结了婚，而我还孤独地住在出租屋里。由于资源、背景、机遇和选择的不同，每个人都有自己的发展轨迹。他们在不同领域迅速累积了势能，收获着复利的增长。

而我呢？虽然经历了不少挫折，但也积累了经验，获得了成长，特别是在策划、运营、销售、演讲、抗压等方面的能力，得到了大幅提升。我就像一只蜘蛛，正为自己编织着一张大网，随着时间的锤炼，我的综合能力逐渐为我赢得了竞争力。

世界上没有相同的路，每个人都有自己的时区，不必羡慕别人，不必抱怨自己。只要在自己的时区里笃定前行，一定能遇到更好的自己。因此，如果非要和人比较，那个人，一定是昨天的自己。

第六，如果可以重来一次，30 岁以前，我会这么做。

（1）毕业后，如果没有非常棒的项目，我会暂时放弃太多的想法，去找一个大赛道、高成长的公司工作。我绝不会计较工资的多少，我会抓紧一切时间去学习，去锻炼，让自己成为一个有价值的人。

（2）如果有可能，我会在工作 3 年或者合适的时机，再到同行业的小公司去发展。大公司提供平台，小公司锻炼综合能力，大小互补，才能使我得到更全面的发展。

（3）精准定位，优势竞争。在工作的前 3 年，我不会急于给自己定位，多接触，多见识，多给自己一些发展的机会。3 年后，再认真审视自己，做好定位，打造自己如刀锋般的竞争力。

（4）当我拥有 3~5 年的经验时，在控制风险的前提下，我会大胆尝试自己所有疯狂的想法。反正一无所有，何必畏畏缩缩？勇敢去闯，万一成功了呢？

（5）认真做好每件小事，就是极速成长的开始。每件小事，都在为我们做大事做准备，以小见大。小事都不能做好，怎么做大事呢？

30 岁之前，是人生积蓄能量最黄金的年龄阶段，也是我们极速成长的冲刺阶段。我们正准备为自己建造一座摩天大楼，而我们今天打下的地基，将决定它明天的高度。希望我们都能够站在顶楼，一起看最美的风景！

【逆袭心法：除了大量刻意的练习，我们还需要一位人生教练来指导我们获得更多的技能和技巧，从而积累更多的实战经验。人生最大的悲哀，莫过于苦苦摸索现成的经验，而白白浪费大量成长的时间。】

极速成长

——从低速到高速的秘诀

2.1　五个法则，轻松实现独立思考

法国著名哲学家笛卡儿曾说："我思故我在。"我们存在的意义，就是我们拥有善于思考的能力。如果想成为一名出色的思考者，就需要学会独立思考，而不是让别人替我们"干活"。

生活中，那些思维懒惰、没有主见，总想走思维捷径的人，注定是没有灵魂的躯壳，只有思考，才能让我们的思想迸出火花，生命充满活力。那么，关于独立思考，有什么可遵循的法则吗？

第一，打破自己的思维局限，兼容不同的观点。

在生活中，我们总认为自己是正确的，然后我们会去找一群和我们思想相似、价值观相同的人，以便证明自己是正确的。大家相互认同、相互尊重，从而进一步强化了彼此的共同点。

在这样的环境中，我们和其他人其实是一个人。大家更像是彼此的影子——有着同样的信仰、同样的诉求，甚至同样的偏见，所以，每个人在团队中都会感到非常的轻松和舒适。

然而，不幸的是，我们在不知不觉中封闭了自己，阻断了接触不同世界的途径。我们总是在心里嘲笑那些和我们观点不一的人，认为他们真是错得离谱。其实，在别人眼里，我们同样错得

不可理喻。

如果我们不能打破自己的思维局限，兼容不同的观点，我们将永远和狭隘的自己生活在一起。所以，**我们的目标应该是和不同年龄、不同阶层、不同文化背景的人交朋友，以不同的视角来看待这个世界。只有这样，我们才能真正做到独立思考。**

第二，做自己，不要担心与众不同。

因为独立思考，我们自然会与其他思想发生碰撞。在交锋的过程中，大家会产生分歧，甚至发生激烈的争辩。此刻，我们可能会感觉自己或对方在思想上受到了威胁，这很正常，我们只需要尊重对方的观点就可以了。当我们与他人分享不同观点时，有两点非常重要：

一是一定要做好充分的准备，对自己的观点有一定的把握性。思想的呈现在于鞭辟入里的表达，而不是才薄智浅的表现，即使遭遇尴尬，也要保持风度，或者自嘲一番，保持谦卑的态度很重要。

二是对他人保持尊重和敬意，尽量做到客观中立。因为每个人的成长环境不同，思维模式也不尽相同，所以我们不要贸然评判，更不要以己度人。我们要用思考去代替批判，用心去发现对方行为背后的动机，可能会得到不一样的答案。

第三，了解对方的意图，不要轻易"上当"。

每一次的说服，背后都有其深刻的动机，当我们了解了对方的意图，就知道如何做出合适的应对了。如果我们在思考时只停留在对方的言辞上，而没有剖析对方说服我们的深层次原因，那么我们大概率会"上当"或做出一些错误的决定。

比如，销售员费了九牛二虎之力告诉你，比起那件商品，这件更适合你，实际上可能是他想拿到更高的提成；业务员不断催促你赶快下单，说错过今天就没有优惠活动了，实际上他可能只是担心错过今天这单生意。

当你没有搞清对方的意图前，唯一应该做的，就是多给自己一点思考的时间，看看自己的实际需要和决定是否一致，而不是掉入别人设下的"陷阱"。当你明白了这世间几乎所有的语言和行动，都有一定的目的性，你就应该明白独立思考的重要性了。

第四，建立自己的思维框架。

我们生活在多维空间中，所有事物都将呈现不同的视角，当我们降低了思考的维度，就会增加思维的缺陷，从而导致认知的偏差。所以，我们应该建立自己的思维框架，学会从点线面到立体的思考，避免从单一、片面的视角来看待问题。只有将事件置身于横向、纵向、时空进行分析，我们才能得到更好的答案。

在思考的方向上，我们可以建立上推式思考和下推式思考。前者是我们在面对一件事时，不要急于下定论，而要反推为什么。比如，这件事的前因后果是什么，该链条上的信息是否准确，以前发生过类似的事情没有，我们能采取的最好策略是什么等。

而后者的核心在于假设。假设做了这件事，接下来会发生什么，会出现哪些问题。比如，假设这个产品选择了 A 渠道而不是 B 渠道，会出现哪些情况。在不断地假设中，我们便会慢慢发现答案，我们的思维也会慢慢变得更立体、更全面，从而避免决策的盲区。

第五，不做情绪化的奴隶，只做事实的捍卫者。

当我们产生负面情绪时，主观意识将占据上风，等待我们的，往往是冲动的魔鬼。在过滤信息和独立思考时，我们一定要剥离自己的情绪而避免决策失误。一般情况下，事实都会被包裹在情绪之中，而真相往往是不具备任何感情色彩的。我们只有冷静对待每一次思考，才能认清事物的真相。

我们可以用一些简单的方法来消除负面情绪的干扰。比如，听舒缓的音乐、玩填字游戏、冥想、跑步等，只有在情绪不被打扰时保持独立思考，我们才能更好地捍卫事实。

学会独立思考，需要我们随时保持思维的饥渴感，刻意训练思维的输入与输出能力。比如，多看一些提高思维的书籍或者影片；通过写作，锻炼自己的思考和逻辑能力。当我们具备系统化思维的时候，我们就是全局思维的指挥官，而不是信息的搬运工和受害者了。

【逆袭心法：工欲善其事，必先利其器，思想就是我们最锋利的武器。学会独立思考，是对思考最基本的尊重，也是我们来到这个世界的证明。】

2.2　五个步骤，轻松提升你的逻辑思维水平

深度思考前的盲目勤奋，注定是吃力不讨好的。

学会深度思考，直击事物本质，才能让我们做出正确而高效的决策。训练逻辑思维能力，是我们快速成长的必修课。我们需要怎么做呢？

第一步，坚定找到问题根源的决心。

面对问题，态度永远是第一位的。如果我们一遇到问题就抱怨、怕麻烦，或者总认为"没有办法"，在第一关就被难住了，那么还怎么解决问题呢？

我们应该养成探索"问题究竟出在哪里"的好习惯，并把它深深地植入脑海中，一旦出现情况，就立马把这个问题调出来。假以时日，我们便会养成追根溯源的好习惯。只要坚定决心，直面问题，我们就会离真相越来越近。

第二步，学习有效的信息收集法。

大多数决策的错误，都是因为信息错误或者信息不全导致的，而前者往往是致命的。我们即使带着指南针也有走错路的时候，更何况被蒙上了眼睛呢？

如果与事件相关的信息是由 A、B、C 组成的，但是我们只获

得了 A 与 B 的信息，那么遗漏的 C 就会成为我们决策的偏差，我们在执行决策时，就会出现减效或失效的情况。

　　如果我们掌握了 A、B、C 的基本信息，但由于没有展开深入调查，对于 A，我们只了解 40%；对于 B，我们只了解 60%；对于 C，我们只了解 30%。那么，基于对 A、B、C 的了解程度，我们的决策结果会不会很糟糕呢？

　　所以，对于信息的了解，我们不仅要有广度，还要有深度。我们以信息的广度为横轴，信息的深度为纵轴形成一个坐标轴（见图 2-1）。不难看出，我们掌握的信息与实际需要的信息是有很大差距的，只有尽量掌握所需的全部信息，我们才能进行有效决策，这是至关重要的一步。

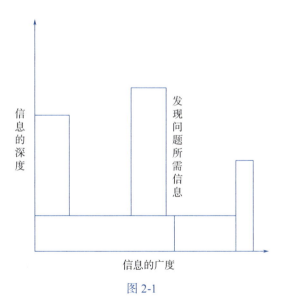

图 2-1

同时，对于信息的收集，我们可以利用网上搜索、数据库访问、采访、问卷调查等方式进行。收集好信息后，我们可以对数据进行分类整理、归纳总结，并制作相应的图表，让信息更立体、直观地展现出来，从而便于分析和理解。

第三步，树立全局观，在整体场景中分析问题。

每个事件都有其发生的场景，我们对收集的信息进行整理时，只有把该事件放入整体场景之中，才能找到问题的根源。比如，在由 X、Y、Z 组成的场景中触发了 A 事件，我们在剖析 A 事件的时候，一定要在 X、Y、Z 的全局中去寻找答案，而不是把 A 事件孤立起来进行分析。

我们只有在整体场景中，逐一排查、细心分析，不放过任何蛛丝马迹，才能找到问题产生的真正原因。以偏概全、窥豹一斑，都是逻辑思考应该避免的问题。

第四步，学会整理信息，搭建框架结构。

大量的信息会给我们庞杂无序、混乱无章的感觉，因此，我们在整理信息时，要搭建信息的框架结构，进行框架思考。先从大框架开始整理，然后逐步细化到下一级框架，就像修建房屋一样，只有稳定了四梁八柱，我们才能对每一个房间进行布局。

对信息进行整理和归类后，我们便能清晰地看到事物的整体架构和构成要素了。通过逻辑推理和对关键信息的抓取，我们可以进一步锻炼自己概括"这些信息究竟说明了什么"的能力，从而让我们不断逼近问题的本质。

框架是重要的整理工具，它能让问题更加条理化，让我们的思绪清晰化。不同的事物，不同的问题，我们都可以根据其主要特征和相关信息，建立不同的框架。比如，我们对商业环境进行分析，其一级框架可以是外在因素、市场状况、竞争对手、本公司；我们再根据这四个要素，展开二级框架，并逐级推演（见图2-2）。

第五步，发现本质，思考方案，实施办法。

这是一个发现问题到解决问题的基本过程，也是逻辑思维的三个重要步骤，即发现本质是前提，思考方案是决策，实施办法是执行。整个过程环环相扣，缺一不可，任何一个环节出现问题，都会影响最终的结果。在这个过程中，以下三点我们需要特别关注：

（1）在对事物本质下结论时，务必客观真实，避免主观色彩，同时，学会建立假设、验证假设，直至本质真实显现。

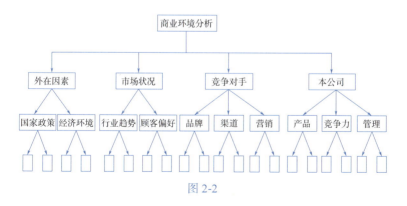

图 2-2

（2）多角度分析思考方案，厘清思路，小心求证，反复推敲每一步落实后可能发生的情况，做好最优的选择和应急方案。

（3）实施办法时，必须考虑到流程和所需机制及相关人员的配合问题，无论多好的办法，实施出现偏差，最终都会变得毫无意义。

逻辑思考法，是从问题到答案，再到方案和执行的流水生产线：坚定决心是前提，收集信息是开始，全局意识是关键，框架思维是整理，解决问题是执行。只有步步到位，才能步步为营。学会逻辑思考法，让我们思维领先，快人一步。

【逆袭心法：世界上最大的懒惰就是思维的懒惰，学会思考的技术，找到问题的根源，让逻辑思维带我们勤劳致富。】

2.3　不懂底层逻辑，怎能看透事物本质？

什么是底层逻辑？

不同事物之间的共同点，变化背后不变的东西，就是底层逻辑。发现底层逻辑，才能洞察事物的本质。我们对事物了解得越透彻，底层逻辑就越清晰，解决问题的能力就越强。

如果我们掌握了事物的底层逻辑，当环境发生变化时，我们就可以把它应用到新环境中去，从而产生新的方法论，而新的方法论又可以指导我们更好地开展工作。这就是底层逻辑的价值。

以短视频运营为例。无论我们怎么去模仿一条成功的短视频，包括其文案内容、吸睛标题、拍摄手法、背景音乐、槽点爆点等，我们也很难达到原作品的理想效果。这是为什么呢？

因为我们学到的只是技巧，而技巧是千变万化的，这一段时间可能有用，过一段时间可能就没用了。想要做好短视频，我们不可能一直去研究其变幻莫测的"术"，而要研究其规律与准则的"道"。无论术怎么变化，我们只要围绕短视频的推荐算法，制作有趣、有料、有用、深受用户喜欢的作品就可以了。

我们只有掌握了短视频制作不变的道，再围绕它进行各种各样术的加工，我们才有机会在短视频制作领域获得自己的一席之地。这里的"道"，就是短视频运营的底层逻辑。无论环境怎么变化，我们都要研究出一套可行的方法论，即"底层逻辑的道 + 环境变化 = 方法论的术"。

我们再以个人能力的提升为例。我们可以把那些不变的能力叫作"可迁移能力"，也就是说，无论你身处什么行业、做什么工作、转变什么身份，这些能力都可以被迁移，并得到重复使用，这就是个人能力的底层逻辑。它主要包含三个层次：

第一，底层的可迁移能力，主要包括各类思考力：基础认知、逻辑思维、深度思考、结构化思考、系统思考等。

这些能力之所以被放在了"底层"，是因为它们承担了类似社会基础设施的功能，从而为更多的上层建筑提供支撑。比如，无论我们从事什么行业，都离不开最基本的思考和认知能力，所以，它是可以被广泛迁移的底层能力。

第二，中间层的可迁移能力，主要包括一些基于底层的升维能力：学习力、沟通力、谈判力、表达力、领导力等。

升维能力对底层思维能力有一定的依赖性，即底层思维能力越强大，对升维能力的提升越显著。比如，你要提高表达力，如果你的基础认知、逻辑思维能力很强的话，你的表达能力就会很突出。

第三，上层的可迁移能力，主要包括技能层面的能力：听读能力、写作能力、设计能力、软件应用技能等，这些能力需要进行特别的训练才能够获得，使用场景就没有前两个层面那么广泛了。

越是底层的能力，就越通用；越是顶层的能力，使用场景就越狭窄。所以，我们应该优先把底层和中间层的可迁移能力培养起来。当我们拥有了这些底层逻辑中的硬通货，即使环境发生变化，我们也能轻松适应不同行业、不同岗位的需求。

可见，底层逻辑才是事物的核心，也是我们发现事物本质的关键以及获得方法论的重要前提。我们怎样才能掌握事物的底层逻辑呢？

（1）发现规律。春生夏长，秋收冬藏，看似庞杂无序的世界，其实都在按照自己的规律循环。天体的运行，万物的生息，世间万物皆有规律。去繁从简，去伪存真，拨开云雾见本质。

（2）以一通百。世间万物，阡陌交错，看似毫无联系，实则盘根错节。当我们掌握一个领域的规律之后，很可能也能掌握其他领域的规律，因为很多事，其实都是一件事。

（3）万变不离其宗。世上唯一不变的就是变，变才是永恒，但万变不离其宗，其本质没有发生变化。变的是相，不是本。《金刚经》里说："凡所有相，皆是虚妄。若见诸相非相，即见如来。"

（4）不断学习，不断思考，不断精进。我们可以训练自己用一句话来总结某件事的底层逻辑，然后与结果不断进行对比、校正，假以时日，我们就能比较轻松地看透事物的本质了。

下面我们来看看私域流量的底层逻辑。私域流量指的是低成本甚至是免费的，可以在任意时间、以任意频次直接触达用户的渠道，比如自媒体、微信号、各种社群等。它主要来自三个方面：

（1）付费媒体。比如，我们经常看到的电视、网络等线上媒体就属于公域流量。很多商家为了获得客户，通过"打广告"吸引客户的注意力，进而把公域流量的客户转变成自己的私域流量。

（2）自媒体。随着市场竞争的加剧，当电视、网络等线上媒体价格逐渐失去优势后，其红利期就慢慢消失了。这时，私域流量的阵地就慢慢转移到了自媒体。自媒体就像自己家的一个小池塘，不需要付费就可以反复触达，比如微信、公众号等。

（3）赢得媒体。当我们在微信、微博等平台发布一篇文章后，获得了别人的转发，从而吸引了更多的流量，这些用户就是我们靠优质内容所赢得的，这就是赢得媒体。比如拼多多模式，客户为了买到物美价廉的商品，转发链接让更多的客户一起来拼团，这就是平台所赢得的客户。

无论媒体的形式如何变化，付费媒体、自媒体、赢得媒体的底层逻辑永远都不会改变。因此，在打造私域流量的时候，我们不必去关注一直变化的媒体形式，只要找到符合自己需求的平台，通过购买、吸引或者赢得，建立自己的私域流量池就可以了。

《教父》里有句经典台词：花半秒钟就看透事物本质的人，和花一辈子都看不清事物本质的人，注定有截然不同的命运。愿你洞若观火、明察秋毫，随时能发现事物的底层逻辑，看清事物的本质，采取最有利的行动，收获最丰硕的果实。

【逆袭心法：只有掌握底层逻辑，我们才能拨开迷雾，直逼本质，发现世界运行的真相。】

2.4　简单三招，让你拥有比别人多一倍的成长时间

世界上唯一不可再生且能称为无价之宝的，可能就是时间了。与时间和谐相处，做时间的朋友，我们才能得到时间最丰厚的奖赏。

鲁迅先生曾说："生命是以时间为单位的，浪费别人的时间等于谋财害命；浪费自己的时间，等于慢性自杀。"当我们站在生命的高度来看待时间时，我们对时间的理解就更加深刻了。在此提供简单三招，让你拥有比别人多一倍的成长时间。

第一，学会计算时间的成本和价值。

我们假设：成绩＝时间×单位产出率，如果单位产出率是相对稳定的，那么时间就是一个关键性指标，即有效时间越多，取得的成绩就越大。

什么是有效时间？如果你把时间作用在关键生产力上，并产生了目标效果，你的时间就是有效的，如果你把时间用在了看电影、刷视频、玩游戏、睡懒觉等事情上，你的时间就是无效的。

如果你平均每天的有效时间低于 3 小时，我们就可以判定，你的成长速度十分缓慢，你的时间已经失控，并在不断贬值。

我们来算一笔账。假如你每个月的工资是 8000 元，一个月工

作 20 天，每天工作 8 小时，那么你 1 小时的价值就是 50 元。这 50 元就是你每小时的时间成本。

由于收入不高，你在郊区租了一个单间，每月的房租是 900 元，但遗憾的是，你每天上下班时间要花费 3 小时，这令你非常苦恼；你也可以在公司附近租个单间，每天上下班只需 1 小时，但每月的房租是 2000 元。你会怎么选择呢？

我们来计算一下。原来每个月的成本是：3 小时路程 ×50 元 / 小时 ×20 天 +900 元房租 =3900 元。如果租用公司附近的单间，每个月的成本是：1 小时路程 ×50 元 / 小时 ×20 天 +2000 元房租 =3000 元。

有没有感到很惊讶？换了单间后，你付出的成本不仅更低，还足足多了 2 小时的盈余时间，这就在无形中给你创造了更大的价值。同理，你还可以采用更高效的交通工具，节约出行时间；通过知识付费服务，节约摸索时间……当你学会了计算时间成本和价值，你就懂得如何提升自己的有效时间，从而获得更快的成长速度了。

第二，高效利用零碎时间。

我们每天的 24 小时，都是由 3 个 8 小时组成的。第 1 个 8 小时，大家都在工作；第 2 个 8 小时，大家都在睡觉。那么重点来了，第 3 个 8 小时，你在做什么呢？

人与人的差距，主要是由第 3 个 8 小时拉开的，这就是著名的"三八理论"。如果把这 8 小时浪费了，它就没有产生任何时间价值；如果把这 8 小时用来提升生产力，它就成了你的有效时间。

那么，如何用好这 8 小时的宝贵时间呢？

有一个著名的"3B 法则"：坐公交（Bus）、睡觉（Bed）、洗澡（Bath），非常值得我们借鉴和学习。也就是说，利用好坐公交车、睡觉前、洗澡时这样的碎片时间，就可以让我们的时间变得高效。

第一个"B"（Bus），即坐公交车的时候，你在做什么。

有的人在听音乐，有的人在看小说，有的人在闲聊，有的人在发呆，而有的人却在工作、学习。你每天花在交通工具上的时间大概有多少？如果是 2 小时，一年下来就是 700 多个小时啊！

也许你会发现，有的人明明有车，可大部分时间并不开车。为什么呢？是因为害怕堵车，还是因为油费太贵？不，他们的答案是，开车需要专注驾驶，而乘坐公共交通工具，就可以在这段时间干点有价值的事情了。

第二个"B"（Bed），即睡觉前，你在做什么。

你不会一上床就睡着了吧？你可不可以利用几分钟的时间，把当天的工作进行一个复盘或总结？能不能把明天要做的工作，按照优先顺序写在记事本上？千万不要小看了这短短几分钟，它正是人与人拉开距离的地方。

第三个"B"（Bath），即洗澡时，你在做什么。

可能大多数人都在发呆吧！你何不利用这点时间听听语音课，或者思考一些问题。有些人坐在马桶上都在学习和思考，你说他能不进步吗？

其实，碎片化的时间还有很多，你可以随时随地把它们利用起来。所谓聚沙成塔、集腋成裘，只有化零为整，才能实现高效成长。有人说，这样会不会太累了？不，只有自律，才能自由。真正的自由，只有舍弃短暂的享受，才能得到长久的保障和幸福。

请记住：思维孕育行动，行动培养习惯，习惯决定命运。高效时间的利用，是从思维开始的。不过，有的人即使听过很多道理，也过不好自己的生活。为什么呢？因为光听道理是没用的，实践才是检验真理的唯一标准。知易行难，难的是知行合一。但是只要我们迈出了第一步，我们的人生就开始发生改变了。

第三，花钱购买时间。

俗话说，一寸光阴一寸金，寸金难买寸光阴。时间如此珍贵，能买得到吗？是的，从某个角度来说，花钱是可以买到时间的。

比如，花钱参加高品质的培训课。有人认为，自学才是最省钱的办法，其实从时间管理的角度而言，这恰恰是最浪费时间的。如果你自学需要 1 年的时间，但是通过培训，只用了 5 个月时间；然后你很快就找到了工作，3 个月就挣回了学费，并获得了更多的经验。你认为哪个更划算呢？

在这个世界上，如果能花钱买到时间，那一定是最划算的买卖。时间的使用方式主要有三种：自用、雇用、重复用。自己为自己工作就是自用；花钱买别人的时间，就是雇用；制作一个产品，可以反复卖给更多的人，就是重复用。懂得放大时间收益的人，都是时间效率极高的人。

最后，真正的时间管理，不是从 1 小时里省出 10 分钟，而是从 10 分钟里省出 10 小时，所以，你需要用 10 分钟的时间去思考一下，这 10 小时，甚至 100 小时的事情，是否值得你去做。

【逆袭心法：人与人的差距，往往在于时间上的产出比。对于时间的使用，一定要学会"斤斤计较"。某天，当你感觉到时间就是生命时，你就开始成长了。】

2.5　你的学习，可能正在浪费你的宝贵时间

在烛光的世界里，灯泡是有罪的，而对一个不爱学习的人来说，任何新知识、新事物的出现都是不应该的，因为这对他们固有的知识体系造成了破坏和冲击，使其原有的知识福利也逐渐消失了。

对学习的懈怠，就是对自己无情的伤害。你的学习能力和学习效力，正在通过生活一步步展现出来。学习固然重要，但很多的人学习，可能正在浪费自己的宝贵时间。为什么这么说呢？

（1）漫无目的地学习。很多人总爱一时兴起，想学什么就学什么，什么流行就学什么，朋友推荐什么就学什么。他们很爱学习，但具体学到了什么，他们自己也说不清楚。

多学习是好事，但我们的时间和精力终究是有限的。我们不能在书籍的海洋里随波逐流，而应该乘着知识的小船直达彼岸。所以，有目的的学习才是真正的学习。在不同阶段，我们只有学习对我们有用的知识，才能获得最高的效率。

（2）对知识太贪心。书到用时方恨少，大量的学习是必要的，但关键问题是，很多人都学"跑偏"了，最后成了一个"博览群书"——什么都懂一点，却什么都不精通的人。多学一点并没有

什么不好，不好的是，你学的对你并没有什么用。

其实书籍大致分为两类：普及类和专业类。普及类是我们的知识底座，是我们每个人的知识基础，越扎实越好。而我们成就的分水岭，是我们对专业类知识的学习和实践，它主要体现了我们在某个领域的深度和竞争力，需要我们付出大量的时间去累积和提升。

（3）没有把知识转化为行动力。知识本身不是力量，运用知识才是力量。学习的目的是什么？如果没搞懂这个问题，你很可能成为一个有才华却不会使用才华的人。满腹诗书，却不名一文，其根本原因在于没有将知识转化为行动力。

那么，怎样才能高效学习呢？我们可以从以下几个方面来进行：

第一，选好书。知识输入的质量决定了成长的质量，只有好的书籍才能带来丰富的养料，从而帮助我们高速成长，面对知识的海洋，我们心中必须有导航图。

第二，听好课。作为书籍的重要补充，选择优质的语音课进行学习是非常必要的。更重要的是，语音课是碎片化学习的最佳搭档，可以帮我们争取到大量宝贵的成长时间。

第三，做笔记。做笔记是学习的标配，它可以帮我们整理思绪，强化要点，加深学习印象，方便日后回顾。另外，写下感悟和心得，学会记录自己的进步，即使再小的进步，也会起到很好的作用。

做笔记不要简单地摘抄，而要理解作者的思路，清楚作者的意图，厘清文章的脉络，抓住章节的重点，并结合自己的情况认真思考：我现在是什么情况，我应该怎么运用，接下来如何执行。只有通过阶段性努力，掌握不同的知识点，才能让知识产生行动力，进而达到读书的目的。

第四，知识输出。如果只输入知识，而不输出知识，就会像茶壶里面的汤圆——倒不出来。只有不断输出的人，才能真正掌握知识的精髓。知识输出分两个方面：

一是写。总结所学到的知识，并通过自己的思维加工厂，把这些知识输送出来，可以采用笔记、微博、公众号、朋友圈等形式。写得越多，内化越好，成长越快。

二是说。知识在于分享与传递，将学到的知识形成自己的观点后，我们要多找一些机会表达出来，从而巩固和强化这些知识点。当我们可以在不同观点和思维之间自由切换时，我们就成了真正的思考者。

第五，不断学习。要想保持活跃的思维，就要不断地学习，不断地获取新知识、新方法、新体验；否则，我们的人生就会陷入无聊和乏味的循环。

我们会在不同的场景中发现不同的自己，并学习到不同的知识。唯一需要注意的，就是千万不要陷入新的刻板状态。只要不断尝试，我们就会变得更加强大。

【逆袭心法：有时候，你不是真的在学习，只是看上去在学习而已。拥有知识的错觉比没有知识更可怕，让学习产生效益，别让它浪费你的宝贵时间。】

2.6　简单！这样学习成长速度会很快

学习不是目的，学习的重点在于"习"。学习是把未知变成已知，再把已知变成认知，最后把认知用于实践的过程。所以，没有现实指导意义的学习，只能沦为一种无聊的形式。

怎样才能快速高效地学习呢？我们可以试试"大树学习法"。什么意思？一棵树主要由树根、树干、树枝、树叶几个部分组成，这就是一棵树的框架。

我们学习任何一个领域的知识，首先要在心里建立一棵该领域的大树框架，然后看看树干是什么、树枝是什么、树叶是什么。当我们构建好大树的框架后，再把学到的知识挂在相应的位置上，该领域的知识全貌就会逐渐呈现出来。

我们学会了大树学习法，就可以在心里种下一棵认知之树。当我们从不同的渠道获得知识后，就可以把这些知识分类挂在这棵树上最合适的位置，随着时间的推移，这棵树就会慢慢长得枝繁叶茂了。相反，如果我们心中没有这棵大树，知识就无处安放，不久就会被时间冲散了。

搭建认知之树的目的，主要是帮助我们杜绝只见树木、不见森林的情况。如果第一阶段是栽树，那么第二阶段就是养树。怎么养呢？我们需要给它浇水、施肥，即不断学习，不断积累，它就会茁壮成长，慢慢长成一棵参天大树。

学习时，我们需要对知识进行系统性的整理，这样便于我们更清晰地看到知识的轮廓与细节。同时，我们还要训练自己的思维技能。当我们的大脑只是存储信息的硬盘，而不是处理知识的CPU时，我们的学习往往是低效的。下面我来分享几种超级好用的学习方法：

（1）定时学习法。给自己确定一个固定的学习时间，这段时间只能心无旁骛地学习，哪怕学不进去，也不能做其他事情，比如玩手机、看电视、听音乐等。

（2）增量学习法。每周给自己增加一些学习任务或者学习时间，直到达到理想的状态为止。刚开始学习时，不要抱着一蹴而就的心态，否则很容易半途而废。从点滴做起，刻意训练自己持续学习的耐心和能力。日积月累的能量会让你感到惊讶。

（3）回想学习法。很多时候，我们以为看完一本书、画一下重点就算完成学习了，但我们很快就会忘记刚刚学完的知识。怎么办呢？我们要学会提取章节中的关键词，用自己的话进行复述；然后在24小时之内重温一遍，并将其制作成思维导图；最后根据自己掌握的情况，按照每周、每月再重温一次的频率，把短期记忆逐渐转变为长期记忆。

当然，如果你还想提高学习效率，进一步加速自己的成长，可以通过降低和提高相关刺激来完成：

（1）降低诱惑的刺激。学习效率不高，很大一部分原因在于外界诱惑太大，而学习动力太小。强制要求自己远离手机等具有诱惑性的东西，可以静坐、闭目养神或者去运动等。只有静下心来，才能提高学习的专注力。

（2）提高学习的刺激。为了让学习充满乐趣，你可以设置奖励机制，把自己最想得到的东西和学习挂钩；你也可以把每天的任务列一个清单，每完成一项，就画掉一项，这种带进度条的闯关模式，会让你很有成就感；你还可以找一些小伙伴一起学习，相互促进，相互监督；在状态不好的时候，你可以换个时间段或者新环境继续学习。

通过系统性学习后，我们就进入了第三个阶段。该阶段的主要任务是育树。育树与养树不同，需要专业园丁的参与，根据树木的生长情况进行诊断，并给出专业的指导意见，确保这棵树得以健康地成长。

当有了一定的认知基础后，我们就可以向行业专家学习了。他们长期在一个领域里深耕，掌握了大量的核心知识和经验，付费向这些获得成功的极少数人学习，是加速成长的有效途径。

现在的知识付费平台有很多，比如得到、在行、知识星球等。知识付费是花钱买别人的时间和经验，是对知识最基本的尊重，也是对自己学习态度的肯定，更是一道成长的分水岭。

向行业专家学习时，需要做好充分的准备——提前掌握好相关背景知识，做足功课，并清晰地列出自己的核心问题，以谦卑的心态向专家请教。假传万卷书，真传一句话，当你把一个个问题逐步解决的时候，你就会获得突飞猛进的成长。

经过栽树、养树、育树，一棵郁郁葱葱、生命力旺盛的大树就慢慢生长起来了。有人说，这个过程太漫长、太痛苦了，可如果你的学习不能持续，你的成长就会停滞。世界上从来没有容易的事，成长也只有一套运行法则。你何不享受这个过程，把它变成一种热爱呢？

【逆袭心法：栽一棵树最好的时间是现在，成就一棵树最好方法是学习、积累和沉淀。】

2.7　从平凡走向卓越，一定要用好这两个本子！

人生是一个不断做题的过程，做对了，我们继续前行；做错了，我们可能会摔个跟头，再慢慢爬起来，继续上路。可问题是，我们下次可能还会在同样的地方摔跟头，因为那道题，我们还是不会做。

上学的时候，老师曾经告诉我们：提高分数的关键，在于把那些错题做对。这是多么朴素简单的道理啊！在人生的道路上，只要可以把错题做对，我们就能加速前行了！

为了快速成长，从几年前我就开始在使用一个叫作"纠错本"的工具了。它的效果非常好，要诀就是六个字：分类、记录、回顾。

第一，分类。我们每天遇到事情的类型是不一样的，所以，我们需要对做错的事情进行分类，比如工作、生活、家庭、教育、人际关系、其他等。分类的主要目的是，在我们回顾学习的时候，可以迅速查找到相关内容。

第二，记录。记录主要包括五个关键词：时间、地点、事件、警告、等级。如果我们做错了某件事，我们需要用这五个关键词把整件事串联起来。其中，警告就是明确地告诉我们不能犯错的地方，而等级就是按照该事件的严重性，分别逐级用黄色、红色、紫色来进行标注，从而提醒我们在学习时应该关注的程度。在记录的过程中，我们应主要记录以下三种情况：

（1）因为不小心或者疏忽出现的错误。

（2）因为自己不知道而出现的错误。

（3）他人做错的，对自己有警示作用的事情。

第三，回顾。回顾是一个非常重要的环节，是我们进行复盘和学习的重要手段。如果不及时唤醒记忆，随着时间的推移，过往发生的错误可能会再次发生。

回顾可以是不定期的，也可以按照一定周期进行，但最好不要超过一个月，因为随着纠错本内容的累积，回顾效果会出现递减的情况。同时，我们对那些已经烂熟于心，并且完全掌握的纠错题目，可以进行定期整理及特别标注，这样我们在下次回顾的时候，就可以将其忽略或者一扫而过了。

纠错本是我们提升成长速度的重要工具，也是我们成为人生做题高手的重要途径。想要成长得更快更好，一定要为自己准备好这个本子。

我的两个朋友小 A 和小 Z 是同班同学。大学毕业后，小 Z 去了外地打拼，而小 A 留在了本地工作。

2 年后，小 Z 荣升公司经理，买了第一套房，而小 A 还是公司的普通职员；3 年后，小 Z 晋升营销总监，而小 A 仅仅是公司的一个小主管；5 年后，小 Z 成为公司副总，买了第二套房，而小 A 还在东拼西凑地筹集第一套房的首付款……

小 A 实在忍不住了，趁同学聚会的机会，向小 Z 取经。原来，小 Z 的成长秘诀就是：要事本。小 A 一听，恍然大悟。要事第一这个浅显的道理，他也懂啊。

是的，大家都知道"二八定律"，可真正做到的人又有多少呢？每个人的时间和精力都是有限的，如果你总是试图同时做好每一件事，你可能每一件事都做不好，还不如重点突破，把80%的精力花在能产出关键效益的地方，那里往往也是诞生奇迹的地方。

时间很珍贵，但更稀缺的是注意力，注意力＞时间＞金钱。我们的努力没有成效，绝大多数原因都是我们把注意力放错了位置。我们的注意力在哪里，时间便消耗在哪里，而要事本正是管理注意力的重要工具。小 Z 使用要事本的具体步骤是：

（1）根据时间周期，一般以年为单位，列出一年中最关键的事情，特别是那些重要但不紧急的事情。

（2）把这些事情按照特征和属性进行详细分解，并合理地分配到每个月、每一天。

（3）遵循要事第一的原则，每天必须集中80%以上的精力去完成这些事情，做到日事日毕，绝不拖延。

（4）一旦与第3条出现冲突，马上停下来，立刻反省，认真检讨，迅速重回既定轨道。

（5）每天晚上对当天的工作进行检查，认真复盘、总结，并做好计划，确保第二天的工作得以顺利进行。

要事本最大的作用在于，每天提醒我们要把最多的精力用于最重要的事情上。只有这样我们才能产生最关键的力量，才能不断向目标迈进。如果没有要事本，我们很可能在不知不觉中就眉毛胡子一把抓，丧失了最核心的战斗力。

在需要极速奔跑的人生赛道上，我们既要效率，也要效果。那些拥有纠错本和要事本的人，总能爆发出惊人的能量。请用好人生最重要的两个本子，让我们一起从平凡走向卓越！

【逆袭心法：成长没有大道理，做正确的事胜于万千努力。知错则改，要事第一，是人生成长的极简法则。】

2.8　惊天行动力：解决你达不成目标的痛点

目标为什么达不成？目标主要分为两种：一种是不可能达成的目标；另一种是本可以达成，却没有达成的目标。

第一种情况，目标设置得太高，这是对目标难度低估、对个人能力高估出现的偏差；第二种情况，能力没问题，但是执行有问题，导致目标最终没有达成。

下面，我为大家带来了"使命必达五板斧"，专门解决达不成目标的难题。请保持专注，我们一起来通关。

使命必达第一板斧：制定合理的目标。怎样才算合理的目标？这里我们要了解一个"能力范围"的概念。所谓能力范围，是指我们十分熟悉、擅长精通，并且能够轻松实现目标的能力区域。能力范围越大，可展示的舞台越宽广。

所以，在制定目标的时候，我们一定要清楚，这个目标是否在我的能力范围之内，会不会出现力所不及的情况。一个人，明白自己能做什么很重要，但明白自己什么不能做，更重要。

从另外一个角度来看，如果我们的能力范围在 1~10，那我们的目标最好在 13~14，我们小跳一下，也可以够得着，这样的目标才具有挑战意义。制定目标有三点非常重要：

（1）对目标要非常了解。对目标越了解，制定和执行的偏差就越小。

（2）关注头号目标。目标最好只有1~2个，如果我们将目标定得太多、太散且关联性不强，我们肯定没那么多时间和精力去达成。始终关注头号目标，才会有持续的专注力。

（3）建立监督机制。制定目标后，如果可行，我们一定要找一个见证人，并设立监督机制。这个人最好是我们非常尊重或者非常在意的人，这样他才能对我们产生巨大的激励作用，有助于我们建立持续有效的行动力。

使命必达第二板斧：设计好可执行的策略。我们分两个方面来分析。一方面，要善于分解目标。我们要将大目标分解成小目标，将小目标分解到我们今天要做什么。比如，我们计划今年要开发500个客户，平均每个月要开发42个客户，每天要开发1.4个客户，按照20%的成功率，每天应该有7个准客户，我们应该用什么方法去获得这7个准客户呢？

另一方面，分析障碍，找到最优的策略。如果开发500个客户有3个方法，那我们就要进一步做深度的剖析：3个方法分别有什么优势，有什么障碍？付出同样的时间和精力，哪种方法最优？如果成本不高，是不是需要分别测试一下？

当我们确定好方法后，一定要仔细研究该方法存在的问题，并针对问题制定出详细的解决办法。需要注意的是，如果有条件，可以向行业内的牛人请教，以便少走弯路，直奔目的地。请记住：天下万物，虽不为我所有，但为我所用，是极速成长最重要的思想之一。

使命必达第三板斧：全力以赴地执行。执行中最大的难题就是拖延，只有解决了拖延问题，才能执行到位。在此分享 3 个有效的方法：

（1）拆分任务，从最简单的开始做，并运用 5 分钟法则。一旦事情复杂艰巨，我们就很容易出现拖延行为。我们可以将目标拆分成一个个小任务，每次只做一点点，并且从最容易做的地方开始，逐步建立信心和习惯。

当我们很难进入状态时，可以试着先工作 5 分钟。这 5 分钟就是一个小目标，更容易坚持和完成。当我们完成后，可以试着再工作 5 分钟。如此循序渐进，我们很快就会进入一个良好的状态。

（2）设置截止时间。通常，我们在临近截止日前一天的效率是最高的，因此，我们可以给自己施加压力，即给每一项任务设置截止日期。

不仅如此，为了给截止日期让路，我们还得有一份停办清单。所有对目标有影响、与目标关联性不大的项目，我们都必须停掉，把它们统统放在停办清单中，从而让我们有更多的精力去完成主要任务。

这还不够，我们还必须给自己制定好相应的奖励和惩罚规则。个人建议，惩罚的代价可以大一些，因为逃避惩罚的痛苦是人的天性，我们可以巧妙地利用这一点。

（3）3 分钟自我批判法。在任务进行过程中，一旦出现拖延或负面情绪，我们应该让自己的情绪先缓和下来，然后找个独立空间展开 3 分钟的自我批判，主要内容是：对自己一切非理性的信念和情绪进行批评和教育，让自己认识到拖延的严重危害，转变思想，建立积极乐观的心态，并马上采取行动。

使命必达第四板斧：建立反馈机制。知道了自己要去哪里，还得知道自己目前在哪里。建立一套反馈机制，我们就可以清晰地了解自己在行进过程中的具体位置。

没有反馈，我们就像走在一片无边无际的沙漠里，容易迷路、失去方向。反馈往往是行动的开始，我们可以把具体行为产生的结果数据化、视觉化、直观化、进度化，从而发现问题、解决问题，这是实现目标非常关键的一环。

使命必达第五板斧：调整与实现。反馈机制为我们及时调整提供了重要的参考依据，调整就是我们要从 A 点走到 B 点，可现在却偏离了目标，通过优化方案、调整方向，我们要重新回到既定的轨道上。这一过程需要重复做、反复做，直到目标实现为止。

当目标实现后，我们就完成了一个从制定目标到达成目标的全过程。我们在进行复盘和总结后，可以把这一过程中用到的工具和方法模块化，下次直接套用。这就是我们形成的方法论。

【逆袭心法：达成目标很重要，但达成目标的方法更重要。很少有完成不了的任务，重点是你采用了什么方法。同时，越艰巨的目标对你越有利，别人知难而退，你却迎难而上，一旦达成，你将得到别人得不到的奖赏。】

CHAPTER

3

成长聚焦

——精准成长需要重点关注的那些事

3.1 奇怪！大家都不知道你是干吗的

假如有两瓶饮料，一瓶的品牌名气大，一瓶名不见经传，你会买哪瓶呢？

你需要的是可信赖、安全感，所以，你大概率会选择著名品牌，哪怕价格高一点点也无所谓，这就是品牌的力量。

现在，有两瓶名牌饮料摆在你面前，一瓶是某碳酸饮料，一瓶是某茶叶饮料，热爱健康的你，会怎么选择呢？

毫无疑问，你会选择后者，因为茶饮更健康，这就是产品的定位。

我们日常在购买其他产品时，考虑的主要因素也是品牌和定位，因为它解决了"我是谁，我是干吗的"的问题。

既然产品都有品牌和定位，如果人没有，那就尴尬了，因为大家都不知道你是谁，你是干吗的。在大家眼里，你就是"一个模糊的人"，你没有在他人眼中形成鲜明的记忆符号。

我有一个朋友叫小 Q，2021 年我见了他三次，每次谈到工作的时候，他都让我感到挺惊讶的。第一次，他说在做保险业务；第二次，他说在做房地产销售；第三次，他说在做茶叶运营。

我心里不禁要问，你究竟是干什么的呢？通过这件事，我对小 Q 有了一些看法：

（1）他的业务范围太广，样样都会，可能样样都不精通。

（2）他一定不够专业，买保险、买房、买茶叶，我都不会找他。

（3）一年换三次工作，稳定性太差。他太急躁了，我或许应该给他贴上一个"不太可靠"的标签。

个人标签就是个人 IP，显著的个人标签可以加深他人对我们的印象，减少交流成本，也会给我们增加无形的社交筹码。

360 安全网络创始人周鸿祎给我的印象极为深刻。他每次出席活动的时候，都会穿着一件红色的上衣，刚好和他的名字进行了呼应，从而进一步加深了他的个人品牌形象。

名人如此，我们普通人更要打造自己的个人标签。一些品牌为什么翻来覆去地打广告呢？它只有一个目的，就是要告诉你我是谁，我能帮你干什么。只有这样，你在下次有需要的时候，才会去找它。

如果你要打造个人品牌，让自己不断增值，就不要做"模糊人"，更不要做"神秘人"。打造个人标签需要怎么做呢？

（1）找到自己最擅长的事情。你可能会做很多事情，但不一定每件事都很擅长，找到最擅长的事来做，你就选出了一个最好的自己。

比如，你计划以后参加职业选手赛，游泳、跑步、拳击，你都有一定的天赋，但只有选出最擅长的，你才能发挥最大的价值。

（2）将最擅长的事情专业化。选出最擅长的，只代表你找到了最优的自己，这是你在跟自己比。将最擅长的事情专业化，你可能会超越 80% 以上的非专业人士，这是你在跟别人比。

更严格地说，简单的专业化还远远不够。以做保险为例，如果你什么保险都做，你其实并没有什么竞争力，因为可能有很多人在和你竞争。如果你进一步专业化，比如只做 1~10 岁孩子的保险，你就有差异化了。表面上看，你的市场变小了，但是竞争的人变少了，人群更加精准了，市场反而更大了。所以，我们做个人定位，就是要找到细分领域里最强大的自己。

同时，我们还要细化两件事：人设和记忆符号。人设就是人物设定，也叫作定位，就是别人一想到你，就想到了什么，或者一想到什么，就想到了你。

优秀的定位 = 差异点 + 价值展现 + 信任背书。差异点就是你与众不同的地方，这是加强记忆、做好区隔的关键点；价值展现是你能提供什么价值，也就是可以用于变现的东西；信任背书是凭什么我要相信你，你有什么证据。

比如，"13 年儿童保险金牌顾问"就是一个合格的人设。它精准、清晰、优势突出：差异点是儿童保险，价值展现是提供儿童保险知识，信任背书是 13 年的丰富经验和金牌服务。

还记得某主播的那句 "oh, my god" 吗？还记得某保健品的"今年过年不收礼，收礼只收……"吗？别人听到、看到、想到某个场景，就主动联想到他，这就是记忆符号。你需要结合自己的特点进行深度挖掘，确定、固定，再进行扩散。

（3）最大限度地传播。当你有明确的标签和专业竞争力后，你就需要大力宣传自己了。比如，你微信上体现专业形象的头像，你的一句话标签，你每天的朋友圈分享，你的微信公众号、QQ、微博、短视频、知乎、小红书、知识付费平台……

你可以根据平台调性，按照统一的风格，制定好策略，坚持价值输出，持续有效地进行宣传，从而打造自己的个人品牌。

现代管理学之父彼得·德鲁克说："每个人都是自己的CEO。"在人生的竞技场上，找到自己最独特的优势，打造最强大的自我，为自己贴上最鲜明的标签，亮出自己最锋利的宝剑，让别人看看你是谁!

【逆袭心法：我们不仅要清晰地知道自己是干什么的，还要让别人知道我们是干什么的。更重要的是，我们要让别人知道我们干这件事有多牛。】

3.2 还在找风口？你自己才是最大的风口

某知名企业家说："站在风口上，猪也能飞起来。"

这句话观点犀利、幽默风趣，被奉为经典，一时之间成为大家热议的话题。它主要表达了三个层面的意思：

（1）企业家以猪为喻，表达了低调谦逊的态度。他曾经表示："如果我们有当猪的心态，就不会输掉市场。"

（2）强调风口的作用。风口就是高速发展领域，只要站在风口上，别说猪，牛都能飞起来。这告诉了我们一个质朴的道理：顺势而为。

（3）飞起来。什么动物才能飞起来呢？至少得有翅膀吧。猪有翅膀吗？肯定没有。那咋办呢？所以，后来又有企业家说："风来了，猪都能飞，但是风过去了，摔死的还是猪。"

既然站在风口上，猪都能飞起来，那成功就变得很简单了——只要找到风口就行了。于是，**很多人开始满世界地找风口，但是人太多了，要么被挤死了，要么被摔死了，真飞起来的没几个。**

好好的风口，为什么会挤死、摔死很多人呢？举个例子，大家发现对面有一座金矿，一群人蜂拥而至，有的人拿着铁锹，有的人扛着锄头，而有的人则带着精密的仪器和先进的设备，组建了一个庞大的开采团队，浩浩荡荡地向金矿进发了——他们就是经验丰富的采矿专家。

一段时间过去了，那些拿铁锹、扛锄头的人一块金子都没有挖到，他们有的累死了，有的饿死了。而那些经验丰富的采矿专家，很快就挖到了大量的金子，他们个个都赚得盆满钵满。

在同一个风口上，为什么出现了截然不同的结局呢？因为只有长了"翅膀"的猪，才能凭借风力，真正地飞起来。那些经验丰富的采矿专家，就是有翅膀的"飞猪"。

那翅膀是什么呢？翅膀就是抓住风的能力。那些采矿专家丰富的经验和专业的技能，就是他们的翅膀。

80 年代下海，90 年代炒股，00 年代炒房……时代的风口一个又一个，真正抓住风的有多少人？他们又是谁呢？能抓住风的永远都是有能力、有准备，能在风口飞起来的极少数人。

微博兴起的时候，诞生了无数的"大 V"，你没有抓住机会，太可惜了！微信刚刚崛起的时候，做微商很赚钱，结果你错过了，真遗憾！大家还没有回过神来，短视频的风又席卷而来，糟了，你还没有准备好呢，好像红利期又没了，你该咋办呢？！

这可真奇怪，别人总能抓住风，为什么偏偏就你不能呢？是你运气不好吗？就算运气不好，不是说只要站在风口上，猪也能飞起来吗？这到底是啥情况呀？

总有人说："唉，这个红利期过了，现在做没有多大优势了！"真的是这样？我们拿短视频来说吧。当风来临时，平台为了扶持用户，前期会分配一些流量，吸引粉丝也特别容易，可随着竞争加剧，大家都要凭真本事吸引流量了，你一下子就不行了，你抱怨道："唉，红利怎么这么快就没有了？！"

这是你的问题，还是红利的问题呢？今天仍然有很多崛起的用户，也没见红利不在了啊？你可能还没有明白，并不是红利消失了，而是你的优势一直不在线上啊！

没错，那些抓住风的人中也有靠运气的，但毕竟只是偶然。新东方公司创始人俞敏洪说：运气不可能持续一辈子，能帮助你持续一辈子的东西，只有你个人的能力。

哲学早就告诉我们：事物的变化与发展都是内因与外因共同作用的结果，外因是发展变化的条件，内因才是发展变化的根本，外因通过内因起作用，内因才是关键。

我们做任何事业，如果一味地强调风口的作用，就忽视了内因，违背了客观规律，注定是会失败的。世上从来没有简简单单的成功，只有扎扎实实的努力。无论从事哪个行业，只有持续地专注与钻研，才能慢慢积累自己的优势，从而稳稳地站在属于自己的那一个风口上。

维珍集团创始人理查德·布兰森说："我就是风口。"那么，我们如何才能成为自己的风口呢？

【逆袭心法：不要盲目追逐风口，而要执着于修炼自己的内功。经营好自己，你就是最大的风口。】

3.3 聚焦吧，成为一道威力无比的激光

如果万事俱备，只欠东风，你只需要等风来就可以了。

那些等风来的人，都是准备很充分，随时可以迎接战斗的人。可问题是，大家都想赢，你凭什么胜出呢？

这是对个人能力的终极拷问，是你需要反复问自己的问题。而"别人总有地方比你强"，就是对"凭什么"的终极回答。

找到那些你可能比别人强的地方，不断放大它、强化它，让它成为你的撒手锏，你就有可能胜出。然而，你怎样才能找到比别人强的地方呢？这里有三个关键词：

（1）优势。你有什么明显的优势？你在哪些方面比别人强？你是否有引以为傲的地方？这些都是需要你用心发掘的东西。

（2）兴趣。想想你对什么最感兴趣，你对什么特别在意，哪些事情总能唤醒你细胞的活力。试着和它们靠得更近一些，看能不能碰出动人的火花。

（3）潜能。除优势和兴趣外，再看看那些你还没有发现的东西，那些你认为不可能的事情，以开放的心态，去发现和接纳更多的可能性，不断去寻找最好的自己。

当找到这些强大的因子后，你就需要给自己找一个支点，这

个支点就是某个行业的垂直细分领域。它最好是可以放大你优势的行业，比如大家都在卖羊奶粉，你可以卖专供 3~10 岁儿童喝的羊奶粉；大家都在卖衬衣，你可以卖 30~40 岁年龄区间的男士衬衣。然后，你就需要完成最关键的一步：投入压倒性的时间。

时间本不是竞争力，但我们一旦聚焦，并投入数倍于竞争对手的时间后，它就能帮我们从一道道散光，变成一道威力无比的激光！激光可以洞穿所有的阻碍，发挥巨大的作用，并收获日积月累的复利，成为我们人生中最厉害的武器之一。

聚焦并投入压倒性的时间是帮助我们成为一道激光的核心关键。从表面上看，它是时间的付出；实际上，它是我们做事的态度和决心。10 000 小时定律大家都知道吧？在一个领域，投入 100 小时、1000 小时、10 000 小时，其效果是完全不一样的。我们投入的时间越多，了解得就越透彻，掌握的就越多，比别人就越有成就。

大多数成功的人，并非天赋异禀，而是通过大量持续的努力，不断精进，不断加固自己的优势，从而获得了时间的奖赏。10 000 小时的锤炼和沉淀，是一个人从平凡到非凡的必要条件。

当然，10 000 小时是否有用，取决于这是否是一个持续向上的过程，单单是时间的累加、低水平的重复是没有任何意义的。任何没有从量变到质变的努力都是对时间的亵渎。

我们简单计算一下。如果要成为某领域的专家，刚好需要 10 000 小时的投入，以每天工作 8 小时、每周工作 5 天为标准，这个过程大约需要 5 年的时间。当然，你也可以投入更多的时间，每天工作 12 小时，每周工作 6 天，那也需要接近 3 年的时间。

如果你还在苦恼为什么自己没有竞争力，对比一下自己投入的时间就应该知道答案了。所有的竞争，到最后，都成了在时间投入上的竞争。

知识付费火了，得到 App 的创始人罗振宇也火了。很多人说他运气太好了，一下子就站到了风口上。罗振宇曾经在启发俱乐部讲过一句话，大概意思是，《罗辑思维》录了 10 年，谁有能耐也想干这事，先干 10 年再说。

10 年是什么概念？如果你现在 30 岁，你得干到 40 岁。罗振宇没有绝招，他就是这样走过来的。这 10 年时间，足以让大多数人望而却步。

在生活中，我们往往会高估 1 年的变化，也往往会低估 10 年的变化。专注于一个细分领域，持续有效地投入压倒性的时间，像激光一样聚焦在一个点上，其力量将不可估量。

很多人都梦想着自己有一天能够光芒万丈，但是，你首先得成为一道激光，让自己拥有不可阻挡的力量。然而，令人遗憾的是，很多人在走向光辉岁月的道路上，却做了一些极其糟糕的事情……

【逆袭心法：成功的道理人尽皆知，成功的道路却并不拥挤。时间不是我们的优势，但是，全力以赴地投入压倒性的时间，就成了我们的优势。】

3.4 四个方法，把优势发挥到极致

在成长的道路上，发现自己的优势，是极速成长的第一步，而最有效的努力，莫过于将自己的优势发挥到极致。

创业 10 余年，我从事了大大小小 10 多个行业。不可否认，我肯定是一个很努力的人，但我的收获并不理想，因为我并没有最大化地发挥自己的优势。相反，我还做了一些非常糟糕的事：我是一个追求完美的人，总是试着去弥补自己的缺陷。

比如说，我不善于闲聊，所以我总爱找机会和别人聊天，从而避免自己出现不合群的尴尬；我的普通话不太标准，所以我总是花大把的时间去练习；我还不会游泳，练了好多次还是不会……

每个人都有一些缺陷，弥补缺陷是一个迎合和纠正的过程，也是让一个人的自信心备受煎熬的过程。而尽情地发挥个人优势，则可以让人如沐春风，信心倍增。

后来，我慢慢发现：只要不是影响我们发展的缺点，就不会阻碍我们的成长；改正那些无关痛痒的缺点，对目标的实现毫无裨益；那些不断弥补缺陷的努力，反而是在白白浪费我们宝贵的时间。

那么，是不是我们只要关注自己的优点、忽略自己的缺点就可以了呢？当然不是。我们可以把缺点分为两类：一般性缺点和致命性缺点。对于一般性缺点，只要它对我们的目标没有影响，我们是可以暂时不予理睬的，等有了充裕的时间，我们再进行纠正；对于致命性缺点，我们应该制订行动计划，尽早纠正，以免影响目标的达成。

同时，对于缺点，我们要有科学的认知：首先，世界上没有完美的人，我们要允许自己存在一些无关紧要的小瑕疵；其次，把短板补上的"木桶理论"也有不适用的时候，我们应该关注自己的长板，并拿自己的长板和其他同样高度的木板组成一个桶，这样才能装更多的水。

华为创始人任正非曾提出一个重要的观点："不要追求做一个完人，做完人很痛苦。要充分发挥自己的优点，使自己充满信心地去做一个有益于社会的人。"所以，他在内部讲话中提出了"在主航道上坚持针尖战略"的要求，就是在自己的领域集中优势兵力，饱和攻击，实现突破。

无论是对个人，还是对企业，任正非的要求都是要把优势发挥到极致，以实现最高效能。一个人只有把自己的优势发挥得淋漓尽致，把自己的长板做得越来越长，才能让自己的价值最大化。

无独有偶，某科技公司的创始人也谈到了自己的长板理论："一个人只能找合作伙伴来补自己的短板，如果自己补自己的短板，肯定是死路一条。我们之所以能够融资 10 亿元，并不是因为完美和平衡，而是因为长板特别长。"

一个人的时间、精力、注意力、意志力都是有限的，必须有所不为，才能有所为。当今社会，我们只有把优势资源进行优化配置，分工合作，才能创造出丰硕的成果，才能走得更远。

在竞争激烈的社会，不能获得胜利的优势，是没有竞争力的优势，我们必须将优势转化为胜势，突出重围，取得胜利，才能获得高质量的发展。如何才能把我们的优势发挥到极致呢？非常简单，利用加减乘除法就可以了。

第一，加法：增加使用优势的频率。如果你使用优势的频率很低，就相当于没有优势。如果你运用自己的优势占到了50%以上的工作时间，那么恭喜你，你正在加速成长。如果只用10%或者更少，那就危险了，你应该马上做出调整。

第二，减法：减少或放弃使用劣势的频率。优势在不断地为我们的成长做贡献，而劣势却在不断地做破坏。在工作中，我们要最大限度地减少使用劣势的频率，并与和自己优势互补的人合作，强化自己的势能。

第三，乘法：让优势的价值倍增。让优势呈几何倍数增长的秘诀，就是不断放大优势的影响范围。比如你擅长写作，你可以出书，可以在各大平台不断输出价值；你擅长演讲，你可以到更大的舞台去演讲，从而扩大自己的影响力。

第四，除法：减除干扰，扫除障碍。当我们发挥优势的时候，一定要聚焦、专注，任何间歇性地运用优势都是没有力量的，所以，对干扰我们持续发挥优势的障碍，要坚决予以扫除。

加减乘除法是我们的优势放大器。我们要用优势加速成长，再通过成长来反哺优势，这才是真正的强者思维。把优势发挥到极致，是加速成长的关键。

【逆袭心法：如果专注于发挥优势，我们就会越来越强大；如果只顾纠正小缺点，我们就会越来越普通。失败可能是我们的缺点所致，但成功一定是因为我们将优势发挥到了极致。】

3.5 专才和通才，你该怎么选？

通才说："我上知天文，下晓地理，琴棋书画无一不精。我就是地球上最靓的仔。"专才说："我孤陋寡闻，学识浅薄，只是一个医术精湛的专科医生。我专治精神失常，喜欢说梦话的人。"

专才和通才都是上帝的宠儿，但他们为了争宠，偶尔也会发生口角。有人问，他们到底谁更厉害呢？

由于受技能水平、岗位、领域、环境、未来发展等变量的影响，结果有很大的变数，所以，这个问题没有标准答案。

在现实生活中，我们常常会遇到类似的问题：

给孩子报一个兴趣班好，还是多报几个好？

我应该主攻英语，还是法语、俄语一起学？

我应该研究线上营销，还是线上线下一起进行？

回答这类问题，一般会有两个主力派别：一派认为，一个人的时间精力有限，应该专注于某个特长的打造，只有专才才有竞争力；另一派认为，社会发展日新月异，单一的技能很难适应未来发展的需求，只有通才才有安身立命的保障。

那么问题来了，到底应该听谁的呢？两派之争，各有各的道理，但都没有实际操作上的指导意义，原因在于双方看问题的分辨率太低了。

什么叫分辨率太低？比如，有些人认为，这个世界非黑即白，道路非左即右，事情非对即错。他们看待事物流于表面，不求甚解，过于"粗线条"，缺乏仔细分析的态度。

如果我们提高看问题的分辨率，情况就大不一样了。比如，这个问题表面上只有两种结果，但我们可以从 5 个方面来进行深度分析，它具有 8 种以上的变化可能性，有 10 个因素会影响它的发展，其中 3 个是人为不可控的……

这本来就是一个千变万化的世界，它并没有我们想得那么简单。因为惰性，我们人为地把它简化了。那么，到底专才好还是通才好呢？我们需要提高分辨率来看。下面这些建议可以供你参考：

（1）如果你有非常明显的专业天赋，建议你先把自己打造成一道激光。当你具备专业竞争优势后，可以结合自身需要，再发展一些周边技能。毕竟技多不压身，这个世界永远喜欢更强大的人。

（2）如果你还没有发现自己的专业天赋，建议你"晚一步专业化"。你可以培养自己更多的兴趣和技能，并仔细观察和分析，在认真筛选比较后，再聚焦发力，走出一条自己的特色之路。

（3）每个人的背景和资源是不一样的，个人发展更没有统一的版本，提高看待事物的分辨率，因地制宜、因人而异永远都经得起时间的检验。以积极开放的态度，做好充分的准备，才能拥抱更美好的世界。

在很长一段时间里，我也不知道自己的特长是什么。因为太普通，我只好在工作中多努力一点、多用心一点，才能让自己看上去不那么笨。

我习惯做学习笔记，从而锻炼了自己的写作水平；我经常分析商业文章，慢慢就有了一定的策划水平；我经常做销售活动，于是我拥有了一定的组织能力；由于常常参加会议，我不得不加强自己的演讲水平……

今天看来，这些能力相互促进、相互作用，都在悄悄地助我成长。成为专才还是通才？不，我只想让自己变得更好，因为只有让自己变得更好，我才能更好地适应这个社会。

高水平的专业化，权威可靠，令人信赖；低水平的专业化，一叶障目，难有建树。一专多长，处处出彩；多而不精，寸步难行。人生的高度，本质上是水平高低的较量。

只有专业领域里的精英人物，才有"会当凌绝顶，一览众山小"的豪迈；只有在多领域融会贯通的英雄豪杰，才能突破自我、打破边界，成就颠覆世界的传奇。

【逆袭心法：或许，社会要的不是专才，也不是通才，而是赢才——一个真正能解决问题、赢得胜利的人才。只有赢才，才是社会最稀缺的资源。】

3.6 当心！坚持可能让你得不偿失

南辕北辙是一个引人深思的典故，很多人却把它当成了笑话。最后它成了一些人的故事，并引发了一些事故。

有一次出差，合作公司派一位司机来接我，由于走错了一个岔路口，我提醒司机多注意一下路口，避免走冤枉路。没想到司机说："放心，这一带我很熟悉，不用导航都能开到目的地。"

他还真没有用导航。在他的执着坚持和丰富经验的指引下，我们又走错几条路，最终多开了 30 多分钟的路程才到达目的地。这位司机很幽默，居然还一本正经地说："条条大道通罗马，地球都是圆的，你看我们不是到了吗？"

万万没想到，他竟然是合作公司的一位副总。通过这件小事，我预测这家公司最多再存活 3 年。结果，我高估了它。不到 2 年，它就倒闭了，真是可惜啊。

如果方向错误，停下来就是进步，而错误的坚持，只会让我们越走越远。有这样一句名言：成功者永不放弃，放弃者永不成功。这句话是正确的吗？

坚持到底、永不放弃，就一定成功吗？如果方向和方法出现了错误呢？任何语言都有相应的语境，当路线与目标产生了严重的偏差，我们或许应该说，成功者懂得放弃，放弃者重获新生。

举个例子，小 A 准备挖一口井。通常来说，挖 10 米就可以出水，可是他挖了 20 米还没有出水。请问，他应该继续挖吗？

坚持，前景是迷茫的；放弃，内心是不甘的。我们假设再挖 10 米，也就是挖到 30 米的时候，肯定是有水的，而小 A 并不知道，那么会出现什么情况呢？

第一种情况，世上无难事，只怕有心人。小 A 继续坚持，可他在挖到 29 米的时候，终于熬不住了。他放弃了。

第二种情况，成功者永不放弃，苍天不负有心人。小 A 坚持到底，继续挖了 10 米，终于出水了。他喜极而泣。

成功的小 A 获得了大家的赞赏，成了大家心中的偶像；放弃的小 A 成了反面教材，谁让他半途而废的。我们就这样下结论了吗？不，生活可没这么简单。

也许还有第三种情况：小 A 思考良久，重新察看了周边的地形，并请来颇有经验的专家进行分析；最后，他另外找了一块地方，仅仅挖了 6 米，井水就涌出来了！

由于小 A 的放弃，他才迅速达成了目标，这为他节省了人力成本，减少了机会成本，节约了大量时间，这才是一个完美的结局。

挖井事小，以小见大，如果这是一件关系到你命运发展的大事呢？这世间的一切都需要计算成本，当我们微弱的优势和不确定的希望不值我们付出的成本时，我们还应该苦苦地坚持吗？那么，什么样的事才值得坚持呢？这里有三个核心标准：

（1）方向正确。只有方向正确，我们的努力才不会浪费。无论经历什么挫折，只要我们心中有希望，脚下有力量，就能抵达目的地。

（2）价值合理。有价值的目标，才值得我们去追求，否则没有任何意义。同时，合理的价值回报，是我们衡量付出成本最重要的尺度。无论我们定位的是短期价值，还是长期价值，只有获得合理的价值预期，我们才有坚持的必要。

（3）能力匹配。有能力，才有底气，我们所有的坚持，都是源于对能力的自信。这里的能力，不仅包括我们的思维能力、策略水平、执行能力，还包括我们拥有的资源和强大的心力等。只有坚持做能力范围内的事，我们才能享受到能力范围内的果实。

所以，当我们遭遇挫折时，是否应该坚持，需要根据具体情况来进行判断。提高看待事物的分辨率，是我们分析解决问题的关键。

对于坚持，最常见的一种心态是：我投入了大量的人力、物力和财力，付出了大量的心血，如果现在放弃的话，一切都将化为乌有；如果再坚持一下，说不定就成了……

当心，这可能是很多人失败的真正原因！如果你只执着于坚持，而忘记了风险，那么你可能正在给自己挖坑。你越坚持，挖的坑就越大。俗话说，留得青山在，不怕没柴烧。只有保存实力，才能东山再起。这个时候，放弃，就成了一种非凡的能力。

我在 2018 年投资了一个大学生创业项目。创始人非常优秀，项目也十分具有潜力。前期工作一切顺利，可后面逐渐出现开发难、变现慢、资金短缺等情况。此时，为了不让前期的投入付诸东流，我并没有深入分析项目的各种问题，而是坚持陆续投入。当我真正意识到风险的时候，已经太晚了。

过于坚持的人，难免会遭遇过度自信带来的灾难。他们总认为自己有更强的能力和更聪明的方法去解决问题。结果是，他们往往在更艰难的道路上疲于奔命。查理·芒格告诉我们：坚持不做傻事，而不是努力变得非常聪明的人，长期下来，必将获得非凡的优势。

【逆袭心法：有时候，坚持只是一种精神，而放弃，则是一种智慧。人生最大的遗憾，莫过于坚持了不该坚持的，放弃了不该放弃的。】

3.7　我不明白，运气真的比努力更重要吗？

马云说，阿里巴巴的成功，靠的是运气，而非勤奋；马化腾说，创业初期，70% 靠运气；雷军说，成功 85% 都靠运气。

运气真的比努力更重要吗？这可能是成功者的自谦，也可能是对自己努力之后的自信。怎么看待这个观点，与每个人的视角有关。下面我们一起来揭开努力与运气的真相。

如果你做的是一些具有确定性的事情，努力就非常重要，比如学习、考试、写书法等。确定性越高，因果关系就越强，你只要加倍努力，就一定会取得好成绩，这与运气没有关系。

相反，如果你正在做一些具有不确定性的事情，运气就起关键作用了，比如打牌、炒股、买彩票等。无论你怎么练习技巧，怎么努力，跟结果的关系都不大，所以，不确定性越高，因果关系越弱，运气就越重要。

当然，也有游离在确定性和不确定性之间的事情，比如乒乓球比赛、体操比赛、足球比赛等。虽然通过不懈的努力，获得一流的运动技能非常重要，但运气有时候会起到决定性作用，毕竟大家都很努力，胜出的只能是极少数人。

假设 A 为确定性世界，B 为不确定性世界，那么 A 和 B 就运行着两套不同的计算法则。在 A 世界，只要我们按照规定的方法去努力，预计的结果往往会如期而至。而在 B 世界，我们通过努力，想得到 C，结果可能是 D 或者 E。我们无法预测结果，因为在 B 世界里，A 世界的计算法则完全无效。

如果掷骰子，你想掷出一个 6 点出来，这种不确定性就很大，只有 1/6 的概率。这个时候，你无论怎么练习都没用，因为这里是 B 世界，靠 A 世界的那一套计算法则完全行不通。你唯一的办法就是掷 6 次，看看自己的运气如何。

我们生活在一个确定性与不确定性交织的世界里，有时候，我们不能单独用努力或者运气来判断一件事。大学毕业后，很多非常优秀的同学表现平平，而一些不怎么优秀的同学却实现了惊人的逆袭。为什么会出现这种情况呢？因为学习、考试在 A 世界，而毕业后大家都到了 B 世界……

如果你顺利地达成了某个目标，你就会认为这是你通过努力完成的；相反，如果任务失败了，你就会说自己的运气不好。可客观事实并不会改变，改变的只是我们主观的计算法则。

生活中，除了事件的确定性与不确定性，还有已知、已知的未知、未知的未知三种认知视野。我们以左方为确定性、右方为不确定性画一条横轴，下方为已知、上方为未知画一条纵轴，可以得到四个区域（见图 3-1）。我们如何利用运气和努力，在这些区域里获得最理想的回报呢？

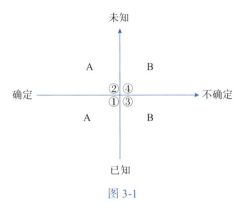

图 3-1

第一个区域，是一个在 A 世界且确定性很高的已知领域。这里是可掌握区域，你只要认真努力，提高自己的技能水平，就能获得理想的成绩。比如，我们刚刚说的学习、考试、写书法等需要刻意练习的技能。

第二个区域，是一个在 A 世界但属于确定性的未知领域。这里你无法完全掌握，相当于你的盲区。比如，你非常羡慕那些销售业绩很高的主播，其背后也有一套确定性的逻辑框架，如产品选择、直播话术、抢单策略等，而这些对你来说，都是确定性的未知领域。对这个领域，你应该摆正自己的心态，然后展开探索，努力把未知变成确定性的知识，就可以得到理想的效果了。

第三个区域，是一个在 B 世界具有不确定性的已知领域。你现在是不是应该听天由命了呢？不，你可以增加不确定性的数量，从而加大确定性的概率，怎么理解呢？比如，你正在做短视频运营，却总是火不起来，怎么办呢？你可以不断增加高质量视频的数量，也可以将其稍加修改发布在不同的视频平台上，增加曝光率。这样，你成功的概率是不是更大呢？因为你把靠运气的不确定性，转换成靠努力的确定性了。

第四个区域，是一个在 B 世界且属于不确定性的未知领域。这里充满了巨大的风险，现在，你终于要把命运交给运气了吗？如果可以避免进入这个领域，则是一个最简单、正确的选择。但如果你是一位勇士，有开拓未知领域的勇气和决心，则可以选择埃里克·莱斯在《精益创业》一书中所使用的策略：小步快跑，快速迭代。只有快速试错、不断调整，你才能在黑暗中逐渐跑出一条光明大道。

有人说，一些人有着不可多得的好运气，而这种运气是别人努力一生都得不到的……那么，具体有什么好方法，让我们可以利用运气，实现人生的逆袭呢？

【逆袭心法：我们与其研究别人如何在 B 世界靠运气获得成功，不如努力把 B 世界的不确定性，变成 A 世界的确定性，从而让我们乘风破浪，满载而归。】

3.8　如何利用运气，实现人生逆袭？

哇，比尔·盖茨先生的运气真是太好啦！

比尔·盖茨先生的好运气，相当于他连续买彩票中大奖。这真是太神奇了，不相信？我们一起来看看。

比尔·盖茨出生在 1955 年，刚好在青年时期赶上了个人电脑的第一波浪潮。他所就读的私立高中，是当时全美国唯一一个可以给学生提供免费、能及时看到运算结果的计算机终端的中学。他刚好可以在这里学习编程技术。

当比尔·盖茨退学创业的时候，正好赶上 IBM 公司需要个人电脑操作系统。IBM 本来想从别的公司买操作系统，很遗憾，双方谈了几次都没有成功。

比尔·盖茨的公司准备去收购一个现有的操作系统，叫QDOS 。对方公司的负责人不懂行，居然 5 万美元就卖给了他。比尔·盖茨高兴坏了，他在这个系统的基础上做了 MS-DOS，并顺利和 IBM 达成了合作。世界首富就这样幸运地萌芽了。

在那个年代，肯定有比比尔·盖茨电脑技术更好、实力更雄厚的人，但只有他成了首富，这可能就是运气。

富兰克·奈特说："决定一个人富有的三个条件，一是出生，二是运气，三是努力，而这三者之中，努力是最微不足道的。"

我们的生活是由一系列随机事件组成的，一个人成功的背后，运气往往占了很大的因素。运气主要有三个特点：

第一，运气可以被放大。一步领先后，可能就会步步领先，所以，如何保持领先优势，赢得先机，是我们需要特别关注的重点。我们应该提前做好功课。

第二，极端的好运气都是多个好运累加起来的。就像比尔·盖茨一样，个人的实力和努力确实非常重要，但这比起他屡中大奖的好运气来说，实在微不足道。

第三，竞争越激烈，运气越重要。进入决赛的运动员，拥有的天赋和付出的努力相差无几，但谁是冠军，可能就要靠运气了。很多企业从红海战役中走出来，决定它们生死的往往是一些偶然的关键因素，很多创始人对此深有感触。

运气既然如此重要，我们是不是要研究一下生肖运势，或者星座运程呢？当然不是，我们有一套更厉害的方法论。

首先，把自己打造成一个能够吸引运气的人。当我们努力学习，让自己具有某种能力，能够帮助别人解决问题的时候，自然会有很多人慕名而来，我们的好运气也就随之而来了。

其次，打开大门，走出去，增加与运气接触的机会。我们要开放自己，让自己充分地与外界接触并发酵，从而获得更好的发展机会。当我们得到外界认可时，好运气就来了。

俗话说，酒香也怕巷子深。当年，茅台酒在巴拿马博览会意外地破罐而出，香气四溢，震惊四座，从而获得了金奖。只有走出深巷，展露才华，增加与外界接触的机会，我们才有机会获得好运。

再次，发展有效人脉，增加好运概率。多参加一些高质量的会议或者活动，争取一些露脸的机会；创造条件，多向行业领袖学习。我们的曝光率越高，人脉质量越高，我们的运气就会越好。这些都是发展有效人脉，增加好运概率的好方法。

而比人脉更重要的，是优质信息的传递，我们接触的人越多，得到的信息就越多，我们就越容易成为幸运儿。

最后，一专多能，多维竞争。除了擅长的专业技能，我们还可以积极发展自己的多维能力，这样当机会来临时，我们才有能力抓住它。比如，你的专长是销售，但是你的策划、管理、演讲能力也很强，你就会拥有更多的机会。

到底是努力重要，还是运气重要？这是很多人都在反复讨论的问题。我们先来看一个公式：成功 = 努力 × 实力 × 运气。

为什么把努力排在第一位呢？因为努力不是充分条件，而是必要条件。要想获得成功，就必须努力。努力是基础，是成功条件的 1，而运气是 0，有了前面这个 1，后面的 0 才能发挥巨大作用。

当我们面对不确定的未来时，应该明白，相对于运气，努力才是我们能够掌控的部分。而对于过去，我们应该感恩运气的眷顾。只有这样，我们才不会对运气产生依赖，从而加倍努力去实现自己的梦想。

我们所有的努力，都是为了不断积累自身的实力；所有的厚积薄发，都是为了迎接更好的运气。当你努力到认为自己是靠运气成功时，你的人生就开始逆袭了。

【逆袭心法：越努力，越幸运。绝大多数人，不是没有运气，而是没有抓住运气的能力。】

CHAPTER

4

重大抉择

——掌控成长关键点

4.1 画重点：人生关键的选择点有哪些

人生是不同选择的集合，今天是昨天选择的结果，明天是今天选择的必然。不同的选择决定了不同的人生。

选择无处不在。生活总是随机给我们安排一些选择，我们只有做好自己的编剧和导演，认真做出选择，才能拍出一部精彩的人生电影。

在奔跑的道路上，选择是我们成长的调速器。每一次正确的选择，都在加快我们前进的步伐；每一次糟糕的选择，都会让我们的脚步放缓。重视每一次选择，就是在善待我们珍贵的生命。

我们在开车的时候为什么要用导航呢？当然是为了选择最优路线。选择就是人生的导航，你是否走在最优道路上，是由你的选择决定的，你选择哪条路，决定了你如何到达终点。

举个例子来说，不抽烟不喝酒是我在 10 多岁的时候做出的选择，并且一直坚持到现在。我们来看看，这个选择对我究竟有什么影响呢？

第一，它为我节约了一笔不必要的开支，并且是长期性、持续性的。我可以用这笔钱做更有意义的事情。

第二，因为坚持了良好的健康习惯，我的身体状况一直都很好。更重要的是，身边的朋友都说，我看上去要比实际年龄年轻很多。

第三，虽然我创业时涉及过酒业务，但是我仍然坚持不饮酒，从而主动减少了很多应酬，也节约了很多宝贵的时间。于是，我就可以用更多的时间来工作和学习了。

一个简单的选择，其影响却是非常深远的。在生活中，当我们把很多个选择叠加在一起的时候，我们的人生就会发生翻天覆地的变化，这就是选择对我们的重要影响。

根据选择事件的属性，我们可以把选择分为三类：小选择、中选择和大选择。我们确定自己的人生理想是从 A 点到达 B 点，属于重大选择；在行进的过程中，我们对阶段性路线的选择、对行进速度的调整，属于中选择；我们在哪里吃饭、在什么地方休息，属于小选择。

比如，你的理想是成为一名出色的医生，这就是你关于职业的重大选择；至于在哪个城市、哪个学校就读医学专业，就是你的中选择；其他一些围绕工作和学习的零碎小事，就是你的小选择。

小选择比较琐碎，对终极目标影响不大，我们可以随机选择；中选择数量相对偏少，代表行进的路标，是抵达终点的重要保障，我们要认真选择；大选择寥寥可数，决定了人生的方向和结果，我们要谨慎选择。

现在，我们来看看随机选择。比如，我们出去逛街的时候，走进一家杂货店，面对琳琅满目的商品，我们可以随意挑选，但看似不经意的选择，可能会对我们产生重要的影响。

如果我们选择购买一本书，书中的知识可以武装我们的大脑，开阔我们的眼界，影响我们的世界观、人生观和价值观，进而改变我们的行为习惯。我们可能因为这本书，开启崭新的人生。

如果我们选择购买几盆绿植，就要精心照料它们，我们可能会喜欢上花花草草，对植物产生浓厚兴趣，并结识一些共同爱好者，发生一些新的故事。

我们看似随意地选择了一本书、几盆绿植或者其他什么物品，但这些物品会发挥其特有的作用，反过来影响我们的生活，甚至改变我们的人生。

所以，一些随机的小选择，可能演变成中选择，进化成影响我们人生的大选择。它们是相互促进、相互作用的。当我们面对小选择的时候，要坚持"有价值、有意义"的原则，选择那些对我们成长有帮助的事物，这样它们才能对我们的人生产生重要的作用。

如果从人生的起点到终点画一条直线，我们可以根据年龄把选择分为最关键的三个阶段：

第一阶段：1~10 岁。这个阶段我们的世界观、人生观和价值观尚未完全形成，一些关键的选择主要靠父母来完成。本阶段我们要培养自己的兴趣爱好、养成良好的生活和学习习惯，认真对待每一个有影响力的选择，为迎接更大的选择做好准备。

第二阶段：11~17 岁。这个阶段，我们逐步形成了自己的性格特征，养成了一定的行为习惯，并有了初步的人生理想。我们开始有能力在父母的指导下去做一些选择，直到自己可以慢慢掌握人生的方向。

第三阶段：18~40 岁。这是人生最重要的选择阶段，很多关键选择都在这个阶段完成，比如专业、婚姻、职业、事业等。这一阶段历时 22 年，是人生的黄金年龄段。大多数人都在这个阶段打下了整个人生的基础，如果你能以严肃、谨慎的态度来面对这个阶段的每一个重大选择，你大概率会拥有一个高质量的人生。

40 岁以后，我们开始逐渐享受丰硕的成果，比如可观的收入、美满的婚姻、良好的发展等。如果此时我们还没有感受到丰收的喜悦，就应该立即复盘，马上做出重大调整。

虽然说失败是成功之母，从错误中学习才能进步，但问题在于，很多人以年轻之名，打着"勇敢试错"的旗帜，把本可以顺利发展的道路，调成了迂回曲折的模式。如果在重大的关键选择中出现了错误，你可能需要用一生来弥补。如此惨重的代价，你真的愿意接受吗？

现实与理想之间的差距，往往是由不同关键选择叠加产生的，对于人生的关键点，我们应该如何去选择呢？

【逆袭心法：如果你对现在的生活不太满意，就要立即做出调整，只要你愿意，永远都不算晚。】

4.2　千金难买：如何做出高质量的选择

虽然我们无法选择自己的出身，但是我们有权利选择自己的人生。

作家柳青说过："人生的道路虽然漫长，但紧要处常常只有几步。"是的，人生的选择很多，但关键选择往往只有几个。我们只要做好重大选择，就能发挥四两拨千斤、化腐朽为神奇的作用，从而把命运牢牢地掌握在自己的手中。

面对选择，你是一个认真的人吗？曾经，这是一个一语惊醒梦中人的问题，让无数人为之一震：想想你对选择付出的努力和思考，你能做出一个好选择吗？

当面对重大选择时，你付出了怎样的感情？是敷衍了事，还是用情很深？你考虑了哪些决策因素？使用了什么工具？决策用了多长时间？当时处于什么状态？是否听取了重要人的意见？事后是否进行了复盘？这些年你的选择水平是否有所提升？

面对这些问题，如果你还一头雾水，就要小心了。其实，对于选择，我们运用"一三二法则"就能得到很好的效果了，即一个连锁、三个指标、两个要点。

什么是一个连锁呢？由于选择并不是孤立的，一个选择会导致一系列事件的发生，产生连锁反应。很多人在面对选择的时候，都是草草行事、率性而为，他们只在乎即时获得感和眼前利益，而忽略了长期目标。

周末，小 A 受邀参加一个为期 2 天的自驾游。周一，一个客户如约到小 A 的办公室签合同，结果小 A 因为参加自驾游忘记把合同细节落实好。客户很生气，小 A 因此失去了这个 500 万元的关键订单，还损失了 60 万元的产品包装费。此消息一经传开，小 A 失去了好几个客户。

小 A 这一系列的损失真是令人心痛。当我们把选择和长期利益结合起来的时候，就能杜绝很多短视选择，从而为我们赢得更大的利益。

但是，有些选择的走向和结果是难以预料的，我们应该怎么办呢？

这时，我们就要学会拆解它。一个大选择是由多个中选择组成的，只有每个中选择达到目标，我们才能大概率达成大选择的目标。此时，我们要关注中选择的三个指标：好运率、成果比较、目标导向。

第一个指标：好运率。好运率也称胜算率，指的是我们选择做某事，可以给我们带来"好运"的概率。所以，在进行分析判断的时候，我们要考虑哪些因素可以给我们带来好运，当达到我们的心理预期时，我们就可以大胆地做出选择了。

比如，你的大选择是考上某大学，目前的短板主要是英语成绩不好，你正在全力冲刺。同学邀你参加一个数学训练营，而你的数学成绩几乎每次都是满分，如果你选择它的话，你的好运率接近于 0；相反，你的英语成绩并不理想，如果这是一个很难得的英语训练营，你参加了，你的好运率就会陡然上升。所以，好运率提升的关键，在于被选择事件所蕴含的"好运因子"。

第二个指标：成果比较。它指的是选择前后所取得成绩的对比。比如，我们通过自身努力学习，预计 2 个月后英语成绩可以提升 20 分左右，而通过英语训练营的评估，加强训练后可以提升 35 分以上，那我们就应该选择后者。

第三个指标：目标导向。它指的是我们的选择一定要符合大选择的方向，符合长期利益，否则我们将会偏离目标。比如，你的英语成绩还没有得到理想的提升，而你暑假期间还选择去旅游，寒假期间还废寝忘食地玩游戏，你就离大选择的目标越来越远了。

这三个指标是我们进行中选择的重要参考。它回答了我们做选择时应该考虑的三个核心问题：这个选择是否值得做？选择后的效果如何？它是否符合大选择的长期利益？

最后，当面对大选择的时候，我们需要关注两个要点：

第一，不与别人进行比较，以自我为中心进行选择。每个人的背景资源都不一样，决策基础完全不同，结合自身实际做出的选择才是最好的选择。

世界上没有完全相同的人生版本，每个人都是独立的个体，所以，我们要结合自身的情况，以自己的视角客观地做出选择，而不要以他人或者社会的期望来进行选择。

第二，向优秀的人学习或请教。重大选择的威力很大，足以改变你的人生，所以，当你在面对某个重大选择时，可以多看看伟人、名人及优秀的人对该选择的做法，找到他们的共同之处，然后根据自己的目标慎重地做出选择。

【逆袭心法：在生活中，你怎样做出选择，选择就会给你怎样的结果。请善待每一个选择的机会，善待我们美丽的生活。】

4.3　注意安全：如何杜绝令人后悔莫及的选择

选择是人生的魔法棒，它既可以让我们变得普通，也可以让我们变得优秀。人生质量的高低，一定程度上是由我们的选择决定的。

其实，在普通和优秀之间，往往只隔着一个"为什么"的距离。当我们喜欢问"为什么"的时候，我们的思路就会越来越清晰。面临选择的时候，多问自己一个"为什么"，我们就能做出更优秀的决策。

"为什么"就是我们采取行动的理由（动机），它有利于目标顺利地实现。在做出选择时，我们不妨多问问：我为什么要这么选择？这个理由充分吗？这个选择会让我得到预期的结果吗？

只有把行动和理由联系起来，我们的选择才不会偏离方向。试想一下，你的理想是成为一位投资家，那你为什么要选择计算机专业呢？你明明想成为一位销售精英，那你为什么要选择一份行政工作呢？你天天呼喊着要减肥瘦身，那你为什么要胡吃海塞呢？

如果你没有一个好的理由作为开始，自然得不到一个好的结局。低劣决策者不爱问为什么，而优秀决策者不断问为什么，在问与不问之间，差距就越来越明显了，人生之路也就越来越不同了。

问，是对未来目标的确认；不问，是对当下行动的纵容。当我们的行动和未来的目标不一致时，我们所有的行动都是无效的，一切的付出都是错误的，这就注定了错误选择的悲剧。

除了问"为什么"，情绪也是影响选择的关键因素。回想一下，你是否在愤怒、激动、恐惧、悲伤、乐观、匆忙、骄傲等情绪下做出过选择？这时的决策水平如何？利弊得失怎样？你觉得这是一个理想的决策时刻吗？

事实上，当我们的情绪波动较大时，很难客观理性地做出优秀的选择。经科学家研究发现，此时，我们的血清素水平降低，这极大地影响着我们对事物的反应，使我们做出低劣的选择。

情绪是优秀选择的干扰器，往往会降低我们的心智水平，干扰我们的理性决策。所以，我们一定要避免在情绪不稳定的时候做出选择。

有时候，我们还会遇到选择理由不充分，或者一时之间难以抉择的情形。此刻，我们应该怎么做，才能避免做出那些令人后悔莫及的选择呢？

2016 年，我在礼品生意还比较红火的时候，做了一次重大的选择，结果出现了巨大的"黑天鹅"事件，对我造成了毁灭性的打击，我因此付出了惨重的代价。

如果当时我能够利用以下这套方法，就能有效避免这场灾难。这套方法其实很简单，就是把每个选项可能出现的最坏结果罗列出来，以结果的可接受程度作为选择标准。比如，我们将结果分为：

A. 勉强接受，预期一般。

B. 难以接受，预期糟糕。

C. 无法接受，预期恶劣。

我们的选择都是趋利避害的，但有时可能出现难以预料的结果。比如，A、B、C三个结果一个比一个严峻，当我们做选择的时候，就要问自己，这个结果，我能接受吗？如果不能接受，就要慎之又慎了。

当我们对自己的选择满怀悔恨的时候，很大程度上是我们对选择的最坏结果没有进行充分的分析，如果我们高度重视预测结果，就能避免做出很多低劣的选择。

不要再把决策权交给感觉和情绪了。当我们习惯性地问自己以下三个问题时，我们就开始慢慢成长了：

（1）我为什么要这样选择？我的理由是什么？

（2）我的情绪是否正常？决策过程是否科学合理？

（3）面对糟糕的结果，我能接受吗？

【逆袭心法：当我们心平气和的时候，如果能多问问为什么，多分析一下事情的发展结果，就能大大降低选择的出错概率了。】

4.4　两份清单，从容面对错误选择

当选择错误时，我们应该怎么办呢？

首先，拥有正确的态度。对于选择错误，我们要控制好情绪，保持思维清晰，端正态度，客观理智地对失败原因进行分析，找到错误的根源，从而减少错误带来的长期危害。

其次，及时止损，应急响应。迅速停止错误的做法，马上采取应急措施，调整方案，抓住第二次机会，做出有利决策。

很多人在发现自己选择错误后，并不是及时止损，而是侥幸地维持错误局面，妄想从失败的困局中走出一条正确的道路。这本身就是一种更糟糕的选择，最终只会一错再错，越陷越深。

最后，认清自己，客观分析。一些人在面对失败的时候，总喜欢推卸责任。他们常常把原因归咎为运气不好、时机不对、环境不好、发生意外……敢于直面错误的人，才是真正值得被尊重的人；一味推卸责任、不积极解决问题的人，只会阻挡自己前行的脚步。这两种心态，正是选择错误后的分水岭，决定了我们的成长速度。

一次错误的选择，可能会造成一些损失，而一次错误的坚持，可能会带来巨大的灾难。我们不妨想想自己曾经遭受重大失败的根源是什么，总结一下，很可能是因为"没有及时止损"。

对错误选择的包容，就是对自己的残忍。你有坚持错误选择的勇气，就要有对后果负责的能力。及时止损、及时调整，才是我们面对错误选择最正确的策略。

现在，请仔细阅读这份"止损清单"，然后找一张纸和一支笔，认真思考并写出答案，这将有利于你的成长。

（1）为了成长，我必须改变这些习惯：＿＿＿＿＿＿＿。

（2）为了成长，我必须减少与这些人的来往：＿＿＿＿＿＿。

（3）为了成长，我必须终止这些关系：＿＿＿＿＿＿＿。

（4）为了成长，我必须停止参加这种类型的活动：＿＿＿＿。

（5）为了成长，我必须马上停止做这些事情：＿＿＿＿＿。

（6）为了成长，我必须……

想想还有哪些事情是你必须及时止损的，现在就写下来，立即执行。要成长，行动就要快！

除了止损清单，你还需要一份"调整清单"来配合使用，双管齐下，效果加倍。

（1）为了加速成长，我需要养成这些习惯：＿＿＿＿＿＿。

（2）为了加速成长，我需要学习这些知识：＿＿＿＿＿＿。

（3）为了加速成长，我需要建立这些人际关系：＿＿＿＿＿。

（4）为了加速成长，我需要参加这些活动：＿＿＿＿＿＿。

（5）为了加速成长，我需要做这些健康计划：＿＿＿＿＿＿＿。

（6）为了加速成长，我需要……

结合自身情况，想想还有哪些你需要及时调整的地方，写下来，并立即执行，直到你做到为止。

当我们及时止损并进行调整的时候，我们将进入一个至关重要的适应期，它决定了我们的行动结果。以下三点度过适应期的建议分享给你：

（1）对两份清单的内容，按照轻重缓急进行排序，建议先从那些容易改变的地方做起，先易后难，循序渐进，更有利于计划的实施。

（2）当你遇到困难时，考虑一下放任错误选择的后果，仔细想想自己为什么要这么做，这是不是你要的结果。

（3）适应期会遇到各种干扰和挑战，要看清方向、坚定信念，紧盯自己的成长计划，只有梳理好思绪，做好每一个选择，才能顺利达成目标。

前几年，由于我的错误选择及坚持，我遭遇了重大挫折和损失。一时间，我万念俱灰，心如刀割。一番痛定思痛后，我对身边的人、事、物进行了重新梳理，并对自己的人生进行了调整。我慢慢地走出了低谷，并开启了新的征程，这两份清单对我来说功不可没。

我们做出一个个选择，就像跨入一道道门槛，门内有门，槛后有槛，我们不断在其中穿行，看到不同的场景，得到不同的结果。我们的生活就是进行一系列的选择，我们可以利用不同选择的组合来创造我们想要的生活。

【逆袭心法：我们是主导选择，还是被选择所左右？学会整理自己的选择，让一个个选择，成为我们走向美好生活的铺路石。】

4.5　收藏好这些选择工具中的"战斗机"

试想一下，当你一连做了几个糟糕的选择后，你的努力几乎都白费了。相反，如果你连续做了几个优秀的选择，好运不断叠加，各种好事就会陆续发生了。可见，好运气需要好选择。下面分享几个工具，助你提高选择质量，加速人生成长。

第一个工具，目标工具法。使用它的时候，主要有三个步骤：

（1）根据自己的目标类别，比如从学习、事业、爱情、人际关系、家庭等类别中，选出 3~5 个主要目标，作为重点关注对象。

（2）从选出的 3~5 个目标中，再选出 1 个最重要的头号目标。记住，只能选出 1 个，它就是你的目标靶心。

（3）当面临选择的时候，要特别注意选择和目标重叠的部分，这样才会让我们离目标越来越近。比如，你的目标是减重 20 斤，参加瘦身运动就是一个与目标重叠的好选择，而吃冰激凌就是一个背离目标的坏选择。

目标工具法把目标管理和选择工具有机地结合起来，让我们处于选择的有利位置，从而采取正确的行动。所以，当我们不知道如何选择的时候，不妨问自己：我的选择和目标一致吗？

第二个工具，结果倒推法。不是每一个选择都具备充分的选择条件，如果我们还没有一个充分的选择理由，不如先来看看可能出现的结果。从结果出发，可以让我们尽量避免选择偏差。

比如，你在 A 公司任产品经理，你收到了一家猎头公司的邀请，现在有机会到 B 公司去工作。留下，还是跳槽？B 公司有哪些因素值得认真考虑？你应该怎么选择呢？

老板决定了公司的发展，老板价值如何？

行业决定了未来的趋势，行业如何？

发展空间决定了增值潜力，空间如何？

目标决定了方向，选择是否和目标一致？

…………

这个选择并不难，我们可以挑选一些具有影响力的因素，然后按照统一的计量标准，对各要素进行估值计算。下面我们对比一下在 A、B 两家公司工作的价值（见表 4-1）。

表 4-1

要素	A 公司工作价值	B 公司工作价值	备注
工资	5000 元	8000 元	公司的月薪
5 年期每月增值空间	500 元	1000 元	平均每月增值收入的预估值
老板价值	10 000 元	20 000 元	老板格局能力的影响价值
行业	3000 元	8000 元	行业趋势的价值
晋升机制	−1000 元	4000 元	是否凭能力晋升
职业目标	2000 元	3000 元	是否和职业规划一致
工作强度	2000 元	−2000 元	工作强度和心理预期
学习培训	500 元	1000 元	公司的培训体系
价值总数	22 000 元	43 000 元	价值求和

每个要素的价值都是你的心理估值，你还可以对你关心的要素进行增减。通过对 A、B 两家公司的预期价值的对比，可以发现，B 公司的预期价值远远高于 A 公司，是一个不错的选择。

第三个工具，项目评分法。这个方法根据项目总分来进行选择，化繁为简，一目了然，简单易行。

在一个项目中，我们把影响结果的主要因素找出来，再分别确定它们的权重和能力取值，然后相乘求和，得到一个项目总分。如果总分符合我们的心理预期，就是一个很好的项目。

以直播为例。我们先假设直播有产品选择、引流能力、销售策略、直播能力、售后服务五个要素，再确定它们的权重，然后结合自身能力进行取值，就可以计算出总分（见表 4-2）。

表 4-2

项目要素	权重	能力取值	项目得分 = 总分（100 分）× 权重 × 能力取值
产品选择	10%	95%	100 分 ×10%×95%＝9.5 分
引流能力	35%	80%	100 分 ×35%×80%＝28 分
销售策略	20%	91%	100 分 ×20%×91%＝18.2 分
直播能力	18%	90%	100 分 ×18%×90%＝16.2 分
售后服务	12%	96%	100 分 ×12%×96%＝11.52 分
其他	5%	93%	100 分 ×5%×93%＝4.65 分
合计	100%		88.07 分

表 4-2 中的每个项目要素的选择及其取值都非常重要，我们要以过往的能力作为依据，做到客观公正地评定，才能保证预测结果相对准确，该表的总分为 88.07 分，这是一个值得重点考虑的项目。

目标工具法让我们找到选择的方向，结果倒推法让我们预知选择的结果，项目评分法可以比较不同项目的优劣，三个工具各有特点，我们可以根据不同的场景进行使用，从而做出有利的选择。

生活中，我们如果习惯于"拍脑袋"决策，只会得到令人头疼的结果。只有珍惜每一次选择机会、合理利用选择工具、科学理性地进行决策，我们才能比别人成长得更快。

【逆袭心法：一次高质量的选择，需要理论和数据的支持，搜集相关信息，采取科学的分析方法，就能避免拙劣的决策。】

4.6　职场选择：这样做至少让你少奋斗 10 年（上）

如果你已经在职场奋斗了 10 年以上，还对自己当下的发展情况不太满意，你可能少做了一项工作：比较。

你应该和那些优秀的同学比较一下，看看你们之间的差距是如何拉开的，他们主要做对了哪些事；如果再发展 10 年，你们又将呈现出一番什么样的景象。

更重要的是，你得和过去的自己比较，看看这 10 年来，你在工作中得到了什么，在哪些方面进步了，你最大的职场遗憾又是什么。

没有对比就没有伤害。对比是为了找到差距，伤害是为了敲响警钟。我们今天的收获，跟我们的选择息息相关。认真做好每一个重要选择，是在职场获得良好发展的关键。

职场选择从大学毕业就开始了吗？不，准确地说，从高考选专业的时候就开始了，因为在大学毕业的时候，大多数人都会根据自己的专业去选择职业，让工作和专业更好地匹配起来。

事实上，仍然有很多人的专业和职业是不对口的。也就是说，你所做的工作并不是你擅长的，可能也不是你想要的，你在一开始选专业的时候也许就出错了。这是你想要的结果吗？

　　一些人认为能考上大学就不错了，至于专业和职业的事，以后慢慢调整就行了。其实，这已经为以后的发展留下遗憾了——不仅浪费了教育资源，也耽误了自己的学习时间。比起那些专业对口，马上就能步入职业正轨的同龄人来说，这不是慢人一步吗？

　　如果我们能在高中的时候，就找到自己既喜欢又擅长做的事，相当于我们比别人更早地找到了方向，这绝对是一件非常幸福的事！

　　当然，这个选择阶段获得的优势虽然很明显，但并不是绝对的，因为机会偏爱有准备的人。在大学实习的时候，我们又将面临一次重大的选择。

　　此时，我们仍然需要判断自己的专业是否对口。比如，你学的是计算机编程专业，你就需要找一家软件公司，看看自己是不是真的对这份工作感兴趣。如果你的表现不错，你也很喜欢这份工作，那么就要恭喜你了。

　　如果你跟一些同学一样，发现自己的专业并不对口，怎么办呢？不要急，你可以选择一个高成长性的行业，看看这个行业的什么岗位比较适合自己。这是一个很重要的选择方向，能极大地弥补你先前专业不对口的缺憾。

　　对于高成长性的行业，就算你专业不对口、没有经验、岗位不匹配，也无须灰心，你还是可以根据自己的优点，通过大量的努力，培养岗位所需要的能力，你仍然可以从不确定性中获得确定性的机会。

对于实习阶段，最好的策略就是：早点工作，早点试错。因为这个阶段的试错成本是最低的，只有大胆试错、确定方向，你才能在时间上形成竞争优势。如果几年后你还在不同行业、不同岗位频繁跳槽，就很危险了。

当我们确定工作方向后，22~32 岁就是我们埋头苦干、拼命成长的阶段。在这个阶段，我们要努力培养自己两个方面的能力：职业能力和收入能力。

职业能力就是我们在该领域、该岗位所获得的生存能力。我们可以通过"知、专、比、领"来概括。

"知"指的是知识和认知，就是你在该领域的知识和认知水平。比如，你知道什么是直播吗？你知道直播的核心要素吗？你了解直播的基本技能吗？

"专"指的是专业。比如，大家都做直播，你够专业吗？你能超过 80% 的直播团队吗？如果把你的直播知识做成课程，会有很好的销量吗？

"比"指的是评比、比较。比如，和直播同行相比，你的直播优势是什么？劣势是什么？有什么特点？具有长期竞争力吗？

"领"指的是带领、领导。比如，你直播做得很好，你能够培养一批直播人才吗？你能带领一支队伍吗？你的才能是否可以规模化复制？

知、专、比、领，是职业发展晋级的四个重要阶段。知是基础，专是精通，比是向对手学习，领是管理能力，只有认真做好、做透这四个阶段，我们才能获得职业生涯的良好发展，走向职业上升的正循环。

当我们工作以后，收入能力将会逐渐显现出来。收入分两个方面：工资收入和能力收入。工资收入以现金的方式回馈给我们，能力收入则以无形的方式展现出来，而后者才是我们收入最重要的部分。

在 32 岁以前，我们要想尽一切办法获得能力的提高，而不要过分纠结工资的高低。只有能力收入不断增长，我们才能敲开更高工资收入的大门，所以，千万不要错过最黄金的成长阶段。

那么，接下来我们需要怎么做，才能真正做到比别人少奋斗10 年呢？

【逆袭心法：选择是一种智慧，更是一种能力。当我们具备了选择的能力，我们就掌握了选择的主动权。】

4.7　职场选择：这样做至少让你少奋斗 10 年（下）

职业发展就像建高楼，楼建得越高，地基越重要。职业生涯的成长期，就是重要的打地基阶段，决定了人生大厦的高度。

过了人生的快速成长期，33~42 岁是我们职业发展的上升期。这一阶段有两个关键词：加速上升和坐稳扶牢。

这一阶段，我们有了一定的经验、人脉和资源，管理能力也得到了进一步提升。这是我们发光发热的好时机，要抓住良好的发展机遇，加速上升，增强势能。

同时，随着大量优秀毕业生的涌入，新鲜的血液将陆续注入每一家有成长活力的企业。如果我们的成长速度比不过新生代的成长速度，就会败下阵来。唯有建立壁垒、巩固实力、创造价值，才能"坐稳扶牢"，否则随时都有"坠落"的危机感。

在这个阶段，由于前期的积累和行业的发展，很多人会迎来一个跳槽期和调整期。为了找准职业方向，获得更高的收入，建议你提前做好准备，并思考三个问题：

（1）未来最需要什么能力？

（2）你最擅长的能力是什么？

（3）什么能力是比较稀缺的？

在日新月异、高速发展的商业社会，当新科技、新商业模式出现的时候，就是新的价值空间产生的时候。新价值往往需要新能力来获取，这就是未来需要的能力。

蓬勃发展的直播电商、区块链技术、新农业开发等，都产生了新的价值空间。它们代表着未来的趋势，而个人的能力，往往要靠趋势才能放大。关注未来需要的能力，抓住未来的趋势，是职业发展需要重点考虑的方向。

再来看看擅长的能力。你的能力是否还能适应社会发展的需求，你是擅长一样，还是一专多长？哪些能力快要被淘汰了？哪些能力需要更新了？哪些能力需要补充了？你的能力是否经得起市场的考验？

如果你自鸣得意的能力，大多数人都拿得出来，恐怕就没那么有价值了；相反，如果市场对某种能力的需求量是 1000 人，供应量仅有 100 人，你就是那供不应求的 1/100，你的身价就要倍增了。

稀缺性决定了我们的价值，拥有稀缺的能力才具有真正的竞争力。它决定了我们能否借助趋势的力量乘风而上。现在，请把上面三个问题的答案写出来，它们的交集就是我们需要重点发展的能力。如果没有交集，我们就需要刻意努力了。

同时，我们还需要明白：跳槽，能够获得什么价值？调整，能够获得什么能力？无论我们采取什么行动，都要牢记自己的职业发展目标，并问问自己：我的选择，对目标产生了什么作用？

40 岁的时候，我们将逐渐步入职业发展的成熟期。我们可能会收获事业的责任感、使命感和成就感，这才是我们生命开始绽放的时刻！

最后，在职业发展的不同阶段，我们都要注意管理好"职业风险"。一方面，我们会面临体能下降、能力减效、行业衰落等，要想好怎么去应对；另一方面，随着年龄的增长，我们的角色可能会逐渐增加，比如丈夫、妻子、父母等，我们将会分配更多的时间给家庭。比起那些正在奋力追赶的新生代，我们还有多少优势呢？

面对职业风险，我们要尽早从体力、脑力、技能等方面的人力资本竞争，转向管理、组织、经验、资源、人脉等社会资本的竞争，才能实现竞争能力的升级，获得长期发展的优势。

职业发展是一段重要的生命旅程，是我们人生成长的重要组成部分。回首过往，我发现职业生涯由四个字统领着：快、稳、准、慢。

快，是我们的成长速度。你不能偷懒。即使你有先发优势，那些勤奋的人也会毫不留情地超过你，因为在这个高速成长的世界，你不进步的每一天，都在倒退。

稳，是我们的发展根基。只有根系发达、深植土壤才能成长为参天大树。根基不稳，一旦跑起来，很可能就会散架。

准，是我们的敏锐眼光。不能一眼看透事物的本质，我们将一直在职业生涯的低维徘徊。没有敏锐的职业嗅觉，我们将无法到达职业巅峰。当职业发展遇到瓶颈的时候，我们要跳出职业看行业，跳出行业看世界，才能突破瓶颈，再创辉煌。

慢，是我们要成熟稳重。每个人都有自己的成长时区，我们只需要比昨天的自己更强大就可以了。大胆尝试，小心试错，控制好人生风险，我们才能走得更稳、更远。

我们的职业高度，决定了我们的职业线路，当我们确定终点后，就能倒推出每个年龄节点的任务和使命，虽然可能有所偏差，但绝不会偏离，这就是我们的人生战略思维。

假设从现在到未来拉一根直线，我们只要沿着这条线一直走就好，即使途中有短暂的迂回或曲折，也不会妨碍我们走向终点。

在职业道路上，如果我们能够掌控好每个发展关键点，管理好每条发展路线，我们就能获得更快的成长速度，节约至少 10 年的奋斗时间。

【逆袭心法：年轻时，我们要把成长当作最大的收入。22~32 岁，拼的是体力和智力；33~42 岁，拼的是能力和资源；43~52 岁，拼的是人脉和资本。在不同时期做好关键选择，才能让我们保持职业发展优势。】

4.8　选择与努力，到底哪个更重要？

选择大于努力，是真的吗？

我有一个朋友，他小时候，他的父亲在城里做小生意，妈妈在村子里守着一亩三分地。到了上学的年龄，我的朋友选择留在农村，而他的弟弟到了师资条件更好的县城读书。

于是，他的弟弟在无形之中拿到了一张好牌，因为到城里生活和读书，是很多农村小孩心中的梦想。可他的弟弟到了城里后却十分贪玩，不思进取，还经常给他的父亲惹一些麻烦。

多年后，那个在城里的弟弟，在工作上处处不如意，在生活上更是一塌糊涂，偶尔还要靠父亲接济过日子。而我的朋友由于非常勤奋、非常努力，大学毕业 5 年后，就买了房子，并且在一家公司担任经理，事业发展得红红火火。

选择真的大于努力吗？事实证明，并非如此。虽然人生充满变数，一两次正确的选择，可能发挥了关键作用，但这并不代表人生就是投机。张三买彩票中了大奖，你不能说因为选择大于努力，所以他应该靠买彩票谋生，而不去努力工作了，对吧？

当爱迪生发现了灯丝的新材料时，或许有人说，他的选择太关键了。可事实上，没有 1000 多次的失败，他怎么可能做出关键选择呢？我们往往只看到别人的成功，却没有看到其背后付出的艰辛和努力，没有扎扎实实的努力，所有"灵机一动"的成功选择都和他们无关。

爱迪生曾说，天才等于 1% 的灵感加 99% 的汗水，但那 1% 的灵感才是最重要的。可无数事实证明，如果没有 99% 的汗水，那 1% 的灵感是很难发挥的。所以，选择大于努力，必须以努力作为前提。

其实，关于选择和努力，我们完全不用纠结谁更重要。我们只要把几种可能的组合罗列出来，自然就一清二楚了。

第一种情况：选择正确，不努力。

第二种情况：选择正确，努力。

第三种情况：选择错误，努力。

第四种情况：选择错误，不努力。

我们来看看第一种情况：选择正确，不努力。如果我们选择了美丽的彼岸，却连帆都懒得竖起来，又如何到达呢？如果我们不愿意努力，靠投机取巧去面对生活，那我们将迎来怎样的人生呢？

对大多数学生来说，都想选择去好大学读书，可问题的关键是，你选了一所好大学，就能去读了吗？一位成绩优秀的学生，可以选择自己心仪的大学，而一位成绩不那么优秀的学生呢？即使他知道有好学校的选项，也未必有资格去选择。

有好的选项是一回事，能得到这个选项，又是另一回事。不努力就想得到一个很好的选项，是不可能的。选择是我们在努力后获得的一种资格，虽然努力不一定能让我们选择正确，但不努力我们连选择的机会都没有。

第二种情况：选择正确，努力。对于努力，我们要注意的是：不要用战术上的勤奋，去掩盖战略上的懒惰。长期低水平忙碌的勤奋，不会得到实质性的突破。假性勤奋的人只有过程，真正勤奋的人才有结果。我们只有在思想上不断升维，花大量的精力去做那些最重要、最有生产力的事情，才有机会走上成长的高速路。

因此，**我们不仅要有战术上的努力，还要有战略上的努力。如果没有战略上的努力，我们可能连最优选项都看不到；如果没有战术上的努力，即使看到最优选项了，我们可能也没有实力和资格去选择。**只有在战略和战术上都付出努力后，我们才有机会在关键选择中拿到好牌，从而走入上升轨道。

至于第三种情况：选择错误，努力。同学 A 和同学 B 都非常优秀，他们毕业后也都十分努力。但不同的是，同学 A 选择了热门行业，而同学 B 选择了夕阳产业。多年以后，他们的差距越来越大。

这就是选择上的问题。即使同学 B 付出再多努力，结果也不会太理想。可见，选择一旦出现问题，努力就成了资源的浪费。

最糟糕的是第四种情况：选择错误，不努力。这真是一个糊涂的状态啊！我们千万要避免。

现在我们来做个总结吧。是选择重要，还是努力重要呢？显然，它们都很重要，二者并不是对立的，而是和谐统一、缺一不可的。如果非要说哪个更重要，一定是努力更重要，因为努力是基础和前提，没有努力，我们哪有选择的资格呢?

影响一件事成败的因素有很多，我们可以用一个公式来表达：结果＝努力 × 选择 × 环境 × 命运，这就是成事的真相。古人早就告诉我们，天时、地利、人和，缺一不可。如果我们改变不了其他因素，就先从努力开始吧!

最后，用一副励志名联，表达一下对努力的敬意：有志者事竟成，破釜沉舟，百二秦关终属楚；苦心人天不负，卧薪尝胆，三千越甲可吞吴。

【逆袭心法：努力，是脚踏实地，为选择打下坚实的基础，从而提高人生的下限；选择，是仰望星空，为努力选一条最好的路，从而提高人生的上限。】

创业小记

——在创业过程中加速成长

5.1 创业不问这些问题，后悔都来不及

你的性格适合创业吗？

创业前，多问自己一个问题，或许就会少一些损失。通过对创始人的性格进行分析，就能预见一个企业的未来。如果你不具备以下五项特质，你可能并不适合创业：

（1）愿意不断学习，并拥有强烈的求知欲和好奇心。

（2）思维缜密、逻辑清晰，具有洞察事物本质的能力。

（3）善于创新、勇于开拓，具有不断进取的决心。

（4）具有顽强的斗志、坚强的毅力和强大的心力。

（5）有宽广的胸怀、舍得的精神和良好的道德情操。

对于创业，如果你还没准备好，就不要匆匆地开局。没有精心的准备，你一定无法得到理想的结局。很多失败的创业案例，都源于草率的开始。

你可以创业无畏，但一定要明白创业维艰。为了提高创业成功率，我为你精心准备了五组问题，即"创业五问"。

创业第一问：对于这个创业项目，你是否有能力或者有经验，是否能够胜任？你是否能够占有一席之地？这个机会你是否能够把握？

创业者必须清晰地了解自己，客观地分析对手，才能发现自己的机会。在剖析项目时，要对产品、顾客、渠道、策略、对手等，进行一次全面的 SWOT 分析，即对优势、劣势、机会、威胁进行系统性梳理。当你对成功充满无限憧憬时，最好想一想自己的致命弱点是什么。

同时，这个项目是不是未来发展的趋势？市场容量如何？现在介入是不是一个恰当的时机？这个项目目前对你来说是不是最优的选择？只有这些答案都是肯定的时候，这才是一个值得认真考虑的项目。人生短暂，我们没有时间在那些不确定性很高的项目上下赌注。

创业第二问：你有哪些资源？你还需要哪些资源？

战争拼的是资源，商场上的博弈，同样是资源的竞争。那些创业成功者，其二次创业为什么更加容易成功呢？因为他们有丰富的资源，而资源可以帮助企业度过关键的生存期。

认真梳理一下你的资源，再看看你还需要哪些资源，比如场地、设备、资金、无形资产、渠道、客户资料、人际关系等。在商业领域，认知差、信息差、资源差都会给你带来竞争力。搜索一下你的资源吧，它会为你赢得先发优势。

创业第三问：你能以最低成本进行市场测试吗？随着时间推移，边际成本会降低吗？项目的可规模化能力如何？

只有同时具备以上三个条件，才是一个理想的创业项目。我见过很多创业者想到一个好点子，脑袋一拍，就租赁办公室、装修、买设备、招聘员工、投入生产。可产品投放市场后，无人问津，几百万元投资，很快就灰飞烟灭了。

谁能保证自己的创业项目一定成功呢？不测试就大量投入的创业者，大概率会沦为创业"烈士"……

测试，是从 0 到 1 的关键，是为了验证可行性方案，了解哪些地方需要改进，哪些地方需要优化。只有跑通程序后，我们才能调动资源全面启动，否则，那些未经验证的想法，就是让我们亏得血本无归的罪魁祸首！

创业项目边际成本越低，利润越可观，比如知识付费产品、虚拟产品、培训行业、通信行业等。同时，我们也要重点关注那些容易流程化、标准化，具有指数级增长潜力的项目，只有这样的项目，才能迅速做大做强。

在此提供一点小经验，创业初期一定要先确定经营模式，再招聘核心员工，因为大多数企业都要经历几次测试后，才能确定最佳商业模式和专业人才。只有做到精准招聘，才能做到高效利用。

在创业初期，一些非核心的业务可以外包，这样企业就可以集中有限资源，聚焦核心战略，让企业赢得生存空间。对于一家企业来说，生存永远都是头等大事。

创业第四问：你有一支战之能胜的创业团队吗？

一个企业想要成功，最关键的因素是人才。一流的企业有一流的人才，二流的企业有二流的人才，没有人才的企业必将举步维艰。每年，华为、苹果、腾讯等世界 500 强企业不惜重金到高校挑选最优秀的人才，就是为了获得最核心的竞争力。

人才是企业第一生产力。从成本的角度来说，最贵的人才是最便宜的，最便宜的庸才是最贵的。一流的人才，创造一流的价值，为企业带来丰厚的利润；无为的庸才，没有价值，只会成为企业的绊脚石。

乔丹自从加入公牛队后，为公牛队赢得了 6 次 NBA 总冠军，为俱乐部赢得了崇高的荣誉，带来了丰厚的利润。优秀的人才是企业发展的加速器，创始人一定要在人才的选拔上下大功夫。

创业第五问：项目还存在哪些不可控的风险，应急措施是什么？项目最坏的结局是什么，你是否能够接受？你是否征询了专业人士的意见？你得到家人的支持了吗？

预见风险，准备好应急措施，你才能将损失降到最低；只有当你能接受最坏的结局时，你才能放手一搏；那些创业前辈们的成功经验，可以大大节约摸索试错的时间，成为你的成长助推器；只有得到家人的理解和支持，没有后顾之忧，你才能奋勇拼搏，全力以赴。

这就是每天都被无数个问题萦绕着的创业。而创业者就是在发现问题中成长、解决问题中强大的。你真的准备好创业了吗？

【逆袭心法：创业者最重要的能力之一，就是预见各种问题，而不是被动解决各种问题。做好充分准备的创业者，生存率将大大提高。】

5.2　做到这四点，轻松实现低风险创业（上）

创业，是九死一生的事，其成功率不足 5%。今天很残酷，明天更残酷，能够看到后天太阳的，始终是极少数。

资金紧缺，竞争激烈，不确定性日益增加。一旦走上创业之路，危机四伏，压力倍增。其实，创业之所以痛苦，是因为大多数创业者都走在一条高风险的道路上。

或许我们切换车道，降低创业风险，就会看到不一样的创业风景。那么，我们应该怎么做呢？

我们进行低风险创业的第一个重要内容是，以利他之心，愉快地解决一个社会问题。

凡是利他，必是善意，必生悦色。当我们发自内心地帮助他人解决问题时，必将得到他人的支持和拥护，此时，创业就是一件非常愉快的事情了。

创业最痛苦的事，莫过于把事业当成赚钱的工具，与同行争名夺利。当我们功利心太强的时候，就会变得心胸狭隘、唯利是图，甚至忽略客户的利益，从而走上一条艰辛之路。

帮助客户解决问题，就是解决自己的问题；维护客户的利益，就是维护自己的利益。你怎么对待客户，客户就怎么对待你。当你帮助的人越来越多的时候，赚钱只是水到渠成的事情。

阿里巴巴——让天下没有难做的生意；滴滴——随时随地享受便捷出行；美团——轻松搞定吃喝玩乐。每一个伟大的公司，都帮人们解决了一个社会问题，从而获得了巨大的成功。

如果我们创业只是为了简单的模仿，或者世俗的逐利，我们就会陷入恶性竞争的漩涡。一旦遭遇挫折，我们就会心灰意冷、丧失斗志，创业的风险也会大大增加。

相反，如果我们肩负重任、真诚付出，为客户的期许而奋斗，我们就会拥有源源不断的动力，有勇气去战胜一切困难，我们的创业风险自然就会大大降低。

对每一个初创企业，如果在夹缝中勉强生存，只能算是一种苟活；如果为客户的利益而活，则多了一分勇气和力量。从另一个角度来说，以利他精神奉献社会，成就自我，刚好符合马斯洛需求层次的最高追求，即自我实现。

创业，需要善于观察，用心感受。当货车司机正为业务量少而烦恼时，货拉拉出现了；当你懒得去餐厅就餐时，饿了么诞生了。人们在生活中未被满足的需求，或许就是我们创业的机会。

机会，就是寻找痛点，帮助客户摆脱痛苦。当我们找到一个客户痛点时，需要问自己：这个痛点足够痛吗？客户会为这个痛点买单吗？它的市场容量大吗？

当你得到一个肯定的答案时，不要急着大胆冒进。这时，你需要做低风险测试，测试通过后，你才算找到了一个不错的机会。

我们进行低风险创业的第二个重要内容是，打造自己的"护城河"。

当你找到了一个很好的机会，事业刚刚有了起色的时候，某个"聪明人"盯上了你的项目。他比你有资源、有实力，准备复制你的项目。这时，你应该怎么办？

如果你的项目能够被轻易复制，证明你没有打造自己的护城河。一个没有"秘密"的企业，相当于完全裸露在公众视野中。大家都能做的事，最终会沦为被争相模仿的对象，而你只能赚一点微薄的辛苦钱。

从另一个角度而言，**如果你发现了一个机会，却害怕被别人知道，那么证明你不具有竞争力**。真正优秀的企业是需要竞争生态的，因为只有竞争才有活力，才能进步。

所以，害怕竞争、躲避竞争，都是不自信的表现。大家最终都需要依靠实力生存，而你的实力，就是你的护城河。其实，一个企业真正的秘密是不怕别人知道的，即使你知道了，你也学不会。

你知道了可口可乐的配方，你也不可能再造一个可口可乐出来；你发现了海底捞火锅的全部秘密，你也不可能再复制一个海底捞出来。这是因为，任何商业秘密离开了特定的环境和背景都是难以复制的，就如世界上从来都没有完全相同的两条路一样。

那么，我们怎样才能打造自己的护城河呢？我们应该结合自身情况，以独特的亮点作为突破口，比如技术、资源、品牌、运营、用户、价格等，找准点，深挖掘，构筑壁垒，保持长期优势。

在竞争策略里，有一个十倍原则，即当我们的产品或服务是竞争对手十倍好的时候，我们就是客户唯一的选择。所以，我们最坚固的护城河，就是我们的基本功、真功夫。

打造护城河是一个循序渐进的过程，我们如何才能确定自己找到了打造护城河的秘密呢？主要关注以下两个方面：

（1）产品价值，即客户是否对产品或服务十分满意。比如，网上曾经有一个"55 度杯"，就是把 100℃的开水倒进去，摇几下就变成了 55℃可以直接饮用的温水。它解决了即时饮水需要等待的痛点。仅仅这个单品，就创造了几十亿元的销售额，这就是价值爆品的神话。

（2）客户增长，即客户是否愿意推荐产品或者服务给他的朋友。这一点至关重要，因为客户愿意推荐，证明客户从内心深处认可产品的价值，这会为你带来巨大的客户增长量。

在《巴菲特的护城河》一书中，作者对无形资产、转换成本、网络效应、成本优势、规模优势等护城河五要素进行了详细、全面的阐述。如果你想打造一家"有秘密"的企业，本书值得一看。

同时，与巴菲特观念相左、被誉为硅谷钢铁侠的埃隆·马斯克，勇于创新，敢于突破，不断创造神话。如果说马斯克的思想是向前、向前、向前，那么巴菲特的思想就是保护、保护、保护。你应该听谁的呢？

你不是巴菲特，也不是马斯克；你既要守住城池，又要不断创新。结合自身情况，以可接受的最低风险大胆试错，走出来，活下去，才是最重要的事情。

【逆袭心法：只想赚钱的创业者，是很难赚到钱的。愉快地解决一个社会问题，并打造自己的护城河，是实现低风险创业最重要的内容。】

5.3　做到这四点，轻松实现低风险创业（下）

曾经有两次创业经历，都让我输得一败涂地。如果我能提前看到塔勒布的《黑天鹅》一书，我大概就不会那么痛彻心扉了。

读书是一件很神奇的事情，平时可能看不出什么效果，在关键时刻却能发挥关键作用。一本书几十元，因为错失一本书，可能亏损上千万元，这是我对读书价值最深刻的体会。

当大家都认为天鹅是白色的时候，黑天鹅出现了；当你觉得自己的项目前程一片大好时，意外事件出现了。大量不确定性的存在，提醒着我们要时刻警惕"黑天鹅"事件的出现。

我们进行低风险创业的第三个重要内容是，学会设计反脆弱商业结构，有效抵御不确定性风险。

什么是脆弱呢？就是抗风险性较差的薄弱环节。什么是反脆弱呢？就是提前制定应对策略，从而有效规避不确定性风险，甚至在风险中受益。

比如，2020 年新冠肺炎疫情暴发，很多企业因为无法营业而纷纷倒闭，而有的企业早就实现了线上销售，其销售额比之前还要高出几倍。一些餐饮店通过直播带货度过了最艰难的时刻，这些具有反脆弱性的商家，最后成了劫后余生的赢家。

胶片相机遭遇了数码相机，非智能手机遭遇了智能手机，出租汽车遭遇了共享汽车，每一次"黑天鹅"的出现，都是对脆弱企业的沉重打击。反脆弱商业结构应该怎样设计呢？

（1）加强成本控制，放大收益上限。

除了个别特殊行业，对于一般性创业项目而言，如果从产品设计到市场测试，花费 30 万元不能跑通整个流程，基本上就不是一个好项目。

一些创业者动不动就先建个厂房，买一条生产线，添置几台设备，市场还没有启动，几百上千万元就投进去了。一些从未做过餐饮行业的朋友，仅装修就投入上百万元，这些"大手笔"的操作，往往蕴藏着巨大的风险。

股神巴菲特的办公室有多大呢？大概 16 平方米，并且是租来的。他的公司有多少人呢？巴菲特的回答是：18 人。这样一个公司，却管理着几千亿美元的资产。反观有些创业者，讲究的是排场，拼的是人多，好像没有这些，都不敢说自己在创业一样，实在令人费解。

2017 年的时候，我和朋友及一些"空降兵"组建了一个电子商务公司。这些"空降兵"蛊惑了我的朋友。他们"画饼"技术一流，在市场还没有起色的时候，就投入了大量的资金用于办公室装修、设备购买、人员招聘等。最后，我和朋友各自亏损几百万元离场。

我的经验是，对于一个创业项目，如果前期就需要投入大量资金，你一定要慎重考虑，因为每一分钱，都应当且必须花在产生客户和利润的"刀刃上"。如果不出意外,你花 30 万元解决不了的问题,即使投 300 万元进去,也无济于事。

设计反脆弱商业结构的核心在于,将失败成本控制在最低,并不断放大收益的上限。我们一定要善于借助外力,比如采用租赁、外包、兼职的形式。当我们准备花钱的时候,一定要问自己三个问题:

① 这项投入必要吗,可以外包吗?

② 如果市场出现问题,这些投入怎么收回?

③ 如果把这笔钱投在核心业务上,是不是更有价值和意义?

当成本很低,收入却可以不断放大时,这就是一个反脆弱的低风险项目;相反,投入成本很高,收益却存在一定的上限,这就是一个高风险项目。

在创业中,我们千万不要被那些创业冒险家的传奇故事冲昏了头脑。那些人和事不仅少之又少,而且还被赋予大量感情色彩。其实,绝大多数冒险者是没有故事的,因为他们早已"葬身大海"了。真正的企业家不是善于冒险,而是善于控制风险,一切没有在安全区域内冒险的创业者都是在玩火。

(2)洞察市场,捕捉非对称交易的机会。

非对称交易指的是寻找"可控的风险"和"相比风险大得多的收益",即风险和收益不对等的交易。

在现实世界,大多数情况下,事物都是按照曲线发展的,所以才产生了大量的不确定性和随机事件。我们了解了非对称交易,就获得了低风险创业的机会。

以前的房地产开发商先用极少的保证金参与土地拍卖，再拿着凭证到银行办理抵押贷款，接着开始设计楼盘，找建筑商建房，然后就开始售楼。这种投入少量、有限的费用就可以赚取高额差价的交易，就是非对称交易。

非对称交易意味着有限的损失、极高的收益，而对称性交易刚好相反，意味着有限的收益、极大的风险。

我们只有洞察市场，善于捕捉非对称机会，才能获得丰厚的回报。比如，股票市场刚刚兴起的时候，买入少量股票，就能获得几十倍、上百倍的收益；知识付费能以极低的成本，获得丰厚的收入；直播能以有限的投入，获得无限的可能等。

（3）拥有选择权，才能反脆弱。

告诉你一个真相，当你认为创业需要义无反顾、坚持到底的时候，你可能正在走向一条不归路。事实上，你熟知的很多世界级商业明星，比如史蒂夫·乔布斯、比尔·盖茨、埃隆·马斯克等，都是一边工作、一边创业的。如果创业成功了，就继续下去；如果创业失败了，就接着工作。

创业是在寻找成功的机会，它不需要我们破釜沉舟，只需要我们努力探索。我们常常讲的坚持，其意义在于，在能力范围内，全力以赴地把正确的目标实现。而创业的目的，应该是保存自己的实力和可选择性——留得青山在，不怕没柴烧。

那些"不成功，便成仁""成败在此一举""坚持到底，没有退路"的创业者，一不小心就会染上"赌徒"的习性——要么输，要么赢，没有第三种选择的缓冲区——迟早会把自己逼上绝路。

当你把所有的资源都押在一个创业项目上时，你需要问自己：如果这个项目失败了怎么办？我能承受吗？我还有其他选择吗？

是否具备选择权，是脆弱与反脆弱的区别。正确的做法是"骑驴找马"，在安全的区域里保存实力，才有机会奋起一搏，赢得胜利。

我们进行低风险创业的第四个重要内容是，提高生存力，警惕能力陷阱和资源陷阱。

在这个社会中，人们都是靠实力生存的。无论你拥有什么能力或资源，你都需要靠实力去匹配相应的生存环境；否则，你随时都有可能被社会淘汰。

能力，既可以让你得到，也可能让你失去；你今天的能力，也许会成为你明天的阻碍。资源，既可以让你富足，也可能让你依赖；你今天的资源，可能成为你明天的眼泪。

你正拥有的，正在让你失去；你所害怕的，正在赶来的路上。不断成长，提高生存能力，才是你进行低风险创业的最大保障。

【逆袭心法：活下来，才有机会。在可控的低风险领域，不断提高生存能力，是创业最重要的任务。】

5.4　价值千金，如何抓住机会打造一家值钱的企业

有时候，创业者就像一只游水的鸭子，既要在水面下拼命地划水，又要在水面上保持平稳与冷静。经过多年的奋斗，我充分地感受到了创业的艰辛与不易。

创业，就是在机会中成长、在价值中壮大的。随着竞争的日益加剧，一些商业趋势越来越明显。作为创业者，以下五个机会需要好好把握。

第一个，消费升级。消费升级就是各类消费支出在消费总支出中的结构升级和层次提高，直接反映了人们的消费水平和发展趋势。

说得简单一点，它就是人们对美好生活的一种向往和需求。比如，更便捷的出行需求，诞生了共享汽车；更物美价廉的团购需求，出现了拼多多；更生态的酒店居住需求，出现了民宿等。

消费升级不仅体现在更好的体验上，还体现在对品质和价格的改造上。比如，某高档滋补产品，原来售价 100 多元 1 小盒，后来在保证品质的情况下，降低了某成分的含量，价格降到了 20 多元，销量陡增，从而让更多人有能力享受到这款产品，这同样是消费升级。

在设计产品时，作为创业者的你，是否围绕消费升级考虑过产品创新、市场规模、覆盖人群、消费心理等因素呢？

第二个，深度结合互联网。以前购物，需要到实体店；现在购物，几乎都可以在手机上轻松搞定。以前的销量，是简单的加减乘除；现在的销量，很容易实现指数级增长。以前的品牌，需要日积月累地在电视、报纸上打广告；现在的品牌，一夜之间，就可以在全网爆红。

可见，只有深度结合互联网，才能实现快速增长。比如，随着外卖业务的发展，一些广告公司转型专做餐饮公司的营销设计服务，获得了更大的市场增量；一些小众品牌深度挖掘外卖用户的需求，开发了新的产品，如饮料、佐料、小吃等，在短时间内就获得了飞速的发展。

时代变了，趋势变了，渠道变了，流量变了，消费习惯变了……很多品牌都是在互联网上火了之后，才逐步拓展线下店的；同时，线下店又会成为线上店的展示平台、体验中心、招商渠道和直播基地等。

综上所述，我们一定要根据产品的属性，深度结合互联网，研究产品线下与线上的融合机会，才有可能以最小的代价，获得最大的回报。

第三个，个体的崛起。随着互联网传播速度的加快，以个人为中心的商业机会涌现，通过打造 IP（知识产权），更加鲜活生动的个人品牌将获得更多的机会。在未来，个人就是产品的入口，个人就是一个商业中心。

从微信、公众号、微博、小红书、短视频到直播，大量的平台为个人的发展创造了机会。随着对流量的争夺，私域流量将变得越来越重要。作为创业者，应该重点考虑如何把自己的员工打造成网红，让每一个工作人员都成为公司的流量入口。

比如，某休闲零食公司原本每年都要投放大量的广告，随着短视频的崛起，公司成立了直播营销部，把60多名员工全部打造成直播达人，不仅大大降低了广告费用，销量还获得了3~5倍的增长。

第四个，产品年轻化，爆品化。"80后"是互联网的原住民，"90后"是移动互联网的原住民。消费主体代表了未来的消费趋势，关注"80后""90后"，甚至"00后"的消费习惯，才能牢牢地抓住市场。

年轻化的产品主要体现在好看、好玩、好用。其中，好用是基础，好看、好玩逐渐成为刚需。年轻人是否会拍照上传你提供的产品？是否愿意发圈分享？产品的"可晒性"如何？这些都是衡量一个产品好坏的重要标准。请记住，你的产品有多牛不重要，客户拥有你的产品有多牛才重要。

设计年轻化产品，千万不要闭门造车，要多与年轻人接触、沟通，听听他们的想法和建议，关注他们的行为习惯，把握其消费心理，了解他们内心真实的需求和变化，才能获得更多的灵感和创意。

特别强调一点，"产品为王，爆品先行"，没有爆品的企业是没有生存力的。企业必须将爆品战略作为第一大战略，建立以用户为中心的爆品研究中心，重点打造爆品。请记住，用户痛点是油门，产品尖叫点是发动机，用户口碑是变速器！

第五个，文化赋能及创新。中国上下五千年的历史，文化是其生生不息的原动力。同样，文化也是一个产品的灵魂，被赋予文化的产品，才富有鲜活的生命力，才会被人津津乐道、广泛传播。

在《超级符号原理》一书中，作者讲到了文化母体。它是一种永不停息、不可抗拒、必然发生的，根植于人们内心的文化符号和仪式，比如历史故事、诗词歌赋、生肖文化、俚语谚语等。

在设计上，如果能够结合产品特点，加入文化母体的基因，就能引起消费者的内心共鸣，从而加强品牌记忆，达到更好的营销效果。

文化赋能就是取势。真正厉害的人，都是顺势而为、取势的高手。同时，依托于文化，对一成不变的文化进行创新，让消费者眼前一亮，增加消费者对文化创新的体验感，让产品有趣、有料，更好玩。

比如，某餐饮公司把店铺装修成历史上某个朝代的风格，客人需要穿上古装才能就餐，店小二全是古代人物。这家店铺吸引了大量的客人打卡拍照，达到了自动传播的效果，是一个非常成功的案例。

不同的创业者在不同的赛道上奋力奔跑着，但是只有有价值的企业才有旺盛的生命力。为了获得可持续的发展，在企业价值的设计上，我们要遵循"三个重要"：

（1）盈利可持续，成长可持续比短期盈利更重要。

（2）一生一世的生意比一生一次的生意更重要。

（3）行业第一、品类第一比单纯的产品竞争更重要。

同时，有的企业是赚钱的企业，有的企业是值钱的企业；赚钱的企业不一定值钱，值钱的企业才有真正的价值。值钱的企业有以下五个标准：

（1）具有成长趋势的产业——有足够大的市场容量。

（2）一支战之能胜的团队——理想的合伙人及合伙制度。

（3）有强大的核心竞争力——用护城河提高竞争门槛。

（4）拥有先进的商业模式——增长策略先进、科学、合理。

（5）优势增长速度和规模——借用资本力量强化增长力。

最后，我们要明白，市场瞬息万变，机会稍纵即逝，我们只有做一个持续学习、不断精进、善于思考、重于实践的创业者，才能发现机会，创造价值。

【逆袭心法：不同的基因，决定了企业不同的未来。培育企业的优良基因，是企业发展壮大的第一步。】

5.5　我是如何从"踩坑大王"到不断成长的（上）

小时候，当我看见房屋的破洞时，我想：什么时候我才能把房子修得更漂亮些呢？当我看见父亲外出打工的时候，我想：什么时候我才能不让爸爸这么辛苦呢？当我看见母亲操持着整个家务时，我想：什么时候我才能帮妈妈分担一点呢？

那时，在各种美好的期望和渺小力量的驱使下，我总爱翻阅各种书籍，寻找"致富真经"，于是就有了我大一到福建考察养殖项目的经历。

从第一次创业的蠢蠢欲动到完美失败而收场，我明白，比起创业的冲动，我们更需要系统的思维和周密的部署。想得美，不如做得好，任何一个项目没有详细的计划，都不要急于开始。

为了追求成功，我总是刻意地改变自己。性格内向，我就选择一份销售的工作；口才不好，我就训练自己的演讲能力。只要你想改变，没有人能阻挡你的脚步。

大学毕业的时候，我飞速踏入医药行业，并火速把借来的钱亏得干干净净。我住在出租屋里，债主天天催款，房东天天催租，我一天得崩溃好几次。

当时，我对成功的定义就是有钱，并且对成功抱有不切实际的幻想，以为依赖一些人脉和资源就能做好业务。事实证明，这种想法真是太肤浅了。这段经历告诉我，做事不能急功近利，创业时，如果我们眼里只有钱，是非常危险的。

后来我才明白，做任何事情想走捷径，就意味着主动踩坑，无非是坑大坑小、什么时候踩的问题。别人能做的事，我不一定能做，因为每个人都有自己的资源和能力圈，只有从能力圈出发，才能避免走入雷区。

此后，我总爱问自己三个问题：我想干什么？我能干什么？我该干什么？然后画三个圈，找到交集，就是我应该干的事。其实，我的失败经历从今天的角度来总结，就是认知偏差、能力偏差和资源偏差的问题。

（1）认知偏差。你是否对该项目有清晰的认识？有没有模糊和疏漏的地方？最好的办法就是拿一张纸把相关要素都写下来，并与相关参与者进行再次讨论和确认，这是事前要做的最重要的功课。

（2）能力偏差。完成该项目需要具备哪些能力？你是否真正具备这些能力？是否有高估的成分？回顾过往，你对自己相关能力的满意度如何？别人是如何评价你的？

（3）资源偏差。完成该项目需要哪些资源？哪些资源是确定的？哪些资源是不确定的？当资源不能有效把控时，一旦出现问题，你就只能喝西北风了。

在医药生意失败后，我借了一点钱，折腾了一段时间，仍然毫无起色。我心灰意冷，不知路在何方。其实，一个人在失意的时候，正是应该加强学习、积蓄能量的时候，自顾自怜，只会让自己更加迷茫。

有一天，我正在摆地摊，偶遇一位同学。他大吃一惊，问我怎么跑来摆地摊了，简直太不可思议了！我原本是一个十分好面子的人，不过，后来我明白，面子都是自己给的，自己挣不了面子，别人给你面子也没有用。

那大半年时间，为了尽快还清债务，我几乎一天也没有休息过。每到最艰难、最无助的时候，我总是默默地给自己打气：没事，一切都会过去的！

我白天摆地摊，晚上学习，感觉生活从来没有这么充实过。为了激励自己，我去做了一个比 A4 纸略小的牌子，安在我的摩托车后面，上面写着"创业尚未成功，仍需加倍努力"。

身不苦，则福禄不厚；心不苦，则智慧不开。每天出门看到这 12 个字，我都充满了力量。摆地摊，让我度过了那段最艰难的日子。

后来，一个偶然的机会，我有幸到了一家大健康产业公司工作和学习。由于业务涉及演讲和销售，我抓住机会锻炼了自己的演讲能力，并积极规划下一步的发展计划。

经过 2 年时间的学习，我逐渐对大健康产业有了初步的认识。我一边积累人脉，一边寻找机会，直到我发现了一个商机：这个行业的礼品需求量非常旺盛。我何不验证一下自己的想法呢？

我选择了一个在市场上比较受青睐的礼品，找到源头厂家谈好价格，并邮寄了一些样品回来。我拿着样品找到身边的几个朋友，以极低的价格给他们供货。很快，我以微薄的利润赢得了人脉，我的礼品生意就这样慢慢做起来了。

由于 0 库存、0 风险，所以我把所有精力都放在了品控和渠道上。那段时间，我每天的订单量都在增加。我终于尝到了低风险创业的甜头。

2 个月后，销量稍微有所下滑，主要原因是同行展开了价格战。经过认真分析，我发现了更大的商机，我决定马上成立礼品公司，开发自己的礼品。

创业的初期就是这样的。有心栽花花不开，无心插柳柳成荫，你明明想做 A，却发现了 B 的机会，最后可能做成了 C。只要你善于观察和思考，总会找到自己的机会。

接下来，我开发了一系列礼品，而且每一款礼品都取得了成功。我的思路很简单：第一，设计礼品，先打样；第二，把样品送到客户手中征询意见，做出优化；第三，客户满意后，下订单，打预付款。

通过这三个简单的步骤，我开发的礼品既符合了客户的需求，也避免了闭门造车的尴尬，还降低了风险。如果每个创业者都能控制好自己的风险，创业就是一件轻松、愉快的事情了。

我清晰地记得，其中一款礼品投放市场后，获得了巨大的反响。那段时间，真的只能用废寝忘食来形容我了。我几乎每天都在安排订单，手机被打得滚烫，一个充电宝根本不够用。从早到晚，我几乎没有休息的时间，既疲惫，也兴奋。

当时，我和外省的一个工厂合作生产，为了不断货，后来又增加了一个工厂。由于每天都要发好几卡车的礼品出去，厂里的员工要加班到深夜才能满足货源。一时间，我的礼品公司便在当地商圈家喻户晓了。

夜晚，我仰望星空，心中不禁感慨万千。这么多年的努力，终于有所回报了，原来上天真的不会辜负每一个踏踏实实、奋进拼搏的人。那一晚，我彻夜未眠……

【逆袭心法：比失败更可怕的是停止成长，比害怕尝试更糟糕的是放弃自己。生命中没有轻易的成功，如果失败，就再试一次。】

5.6 我是如何从"踩坑大王"到不断成长的（中）

时间很快来到了 2015 年，这是一个转折之年。

2015 年夏天，一个好朋友来找我。他是做大健康产业的，其公司准备登陆资本市场，想在营销方面与我合作。这家公司我非常熟悉，我和公司的几个高层算是朋友。公司经营了 10 年，有了一定的沉淀，底子还是不错的。

经过深入交谈，我比较认同他们的发展规划，于是口头上谈好了基本条件。我们决定合作一次，助力公司早日实现发展壮大的梦想。

接下来的日子，我把时间和精力全部用在了这个项目上，并付出了所有的努力和心血。一言九鼎，重于泰山，是我对朋友的承诺与交付。那一年多时间，应该是我人生努力的巅峰时期。在事业上，我是一个完美主义者，一旦认定的事，就会全力以赴。

然而，"黑天鹅"事件很快就出现了。虽然朋友的公司取得了突飞猛进的发展，但是因为利益问题，公司内部股东产生了尖锐的矛盾，这是一个多么危险的信号！

接下来，公司并没有按预定的方向前行，新三板挂牌计划被屡屡耽搁。为了稳住团队和市场，公司开始不断编造谎言。为了个人利益，大股东一再践踏道德底线。真的很难想象，一个接受过高等教育、平日里满口仁义道德的人，居然如此不堪。

最终，纸包不住火，谎言被不断拆穿。团队、经销商、客户都要求公司给一个说法，但公司不仅不正面解决问题，还让事态持续恶化。这是我亲眼见过的，把一手好牌打烂的"最佳案例"。

我一再强调正确的金钱观，无论是合作还是合伙，一个人做任何事，如果眼里只有钱，为了钱甚至不断触碰道德底线，迟早会伤害自己，伤害别人。当我们遇见这样的人，一定要提高警惕，保护好自己。

随着时间的推移，事件逐步发酵，形势愈演愈烈。这时我才发现，我作为整个事件的一份子，居然还处于"裸奔状态"。

当初，由于对朋友及其公司的无条件信任，我几乎没有和对方签订任何明确的责权利协议，也就是说，我可能会因为合作公司的问题而受到牵连。

我本可以独善其身，却因为单纯的信任，而将自己陷于深深的泥潭之中。那些日子，我寝食难安、心力交瘁，几度达到了崩溃的边缘。

很多时候，我们以为通过自己的努力，就可以实现目标，其实这只是一厢情愿罢了。没有对的团队，再多的付出也无济于事，甚至会给自己带来深重的灾难，这就是团队的重要性。

从 2017 年到 2019 年，我把礼品业务全部停掉，让所有工作人员都去协助合作公司处理市场问题。对于每一个问题，我都积极面对，并竭尽全力解决。我不能保证每个人都很满意，但是我绝对拿出了最大的善意和诚意。在我心里，一切不属于我的钱，我分文不取。

这次经历，给我留下了一个惨痛的教训：无论多么值得信任的关系，都要坚守原则，明确责权利。签订合同，用法律的武器约束人性的弱点，是任何合作或合伙的前提。这是我在创业路上学到的重要一课，也是我的血泪史。

这次经历，也让我学会了事前制定"反失败策略"，即项目尚未启动时，我们可以假设项目已经失败了，然后召集项目参与人员，组织一场失败原因研讨会，把可能导致项目失败的原因一一挖掘出来，并展开积极讨论，制定一套"反失败策略"，让参与人员加强学习，认真贯彻，这样就可以极大地减少项目带来的不确定风险。

同时，我们在做一项重大决策的时候，可以参考"888法则"：

8 小时后，会有不同的意见吗？

8 天后，事情会出现偏差吗？

8 个月后，事情会发展到哪一步？

我们在做决策的时候，往往都是从眼前出发的，如果经过深思熟虑，从发展的过程来推演，找到可能存在的变量，倒推决策，及时调整，或许就能更好地达到预期。

通过这次合作，我本以为可以再攀事业高峰，没想到却掉进了一个巨大的黑洞。或许，这就是人生的无常。

在那一段人生的至暗时刻，我每天都要处理各种令人焦头烂额的事情。我常常精神恍惚、难以入眠，又常常从噩梦中惊醒。我就像走在一片无边无际的黑暗之中，看不到尽头。我真不知道接下来会发生什么，难道命运要跟我开一个难以承受的玩笑吗？

我站在小区楼下，抬头望天。那一刻，我不禁默默地掉下了眼泪。

【逆袭心法：不识事，半生苦；不识人，一生苦。坚守原则，用法律武器保护自己，是合作最重要的前提。】

5.7　我是如何从"踩坑大王"到不断成长的（下）

2017 年，我和这个朋友又成立了一家电商公司。

当时，合作公司的问题还没有完全暴露出来。朋友接触了一个做社交电商很厉害的"大咖"，准备请他负责公司的运营，并计划把第一年的营业额做到 10 亿元。其实，我对这个数字感到有些惊讶。

"大咖"长得敦厚老实、憨态可掬，他拿出一本厚厚的资料演示了自己的"雄心勃勃"。好吧，既然他这么牛，我就投吧。于是，我成了最大的股东。由于当时合作公司业务繁忙，我只做公司的董事长，出席重要会议，但不参与具体运营。

自从"大咖"出任了公司的运营总监，便把自己的"能力"发挥得淋漓尽致。各种投入、各种开支，无不做得"风生水起"，样样都是"神来之笔"。无可否认，公司刚开始的发展还算可以，但几个月后，营业额连日常开支都保证不了，我们投资的几百万元很快就归零了。

接着，公司召开了会议，提出了继续投入的问题。我意识到公司可能存在一些问题。会后，我去财务看了一下公司的开支情况。我的肺差点气炸了——凡是涉及运营的开支，几乎都存在着严重的漏洞。我决定退出公司。

可朋友说，现在水都烧到 90℃ 了，不一鼓作气，就前功尽弃了。无奈之下，我们硬着头皮又投了几轮，后面的情况可想而知。

后来，运营自然没有做起来，管理上更是一塌糊涂。我们与运营团队决裂了，并付诸法律，走到这一步，基本就接近尾声了。一波还未平息，一波又来侵袭，真是"伤心太平洋"啊，我又踩进了一个大坑。

当一个人十分谨慎的时候，其决策水平通常很高；当一个人放松警惕的时候，其决策很容易出错。这是我的深切感悟。通过事后复盘，我又学到了以下几点：

第一，只投资而不参与管理的事情尽量不要做。除非你是风投专家，或者有成熟的团队负责运作，否则这种放任自流、把命运交在他人手里的方式，跟慢性自杀没有区别。同时，我们在与别人谈合作的时候，要多谈实质，少谈梦想。如果你要了解对方的深度和广度，不妨多问问对方具体的事情应该怎么做。

第二，做错的事，千万不要坚持，要学会及时止损。创业公司，人为第一，事为第二。事有偏差，尚可校正；人有问题，则有灭顶之灾。明知不可为而为之，必将造成更大的损失。及时止损，就是进步。

第三，制定好公司章程，签订好投资协议，约定好责权利。创业公司的内部纠纷绝大多数都是因为事前没有制定好规则，导致利益争夺，其共同结局都是开开心心地开始，痛心疾首地结束。

公司章程应该如何设计？股东滥用权利给公司造成损失怎么

办？股东大会和董事会如何召开才符合法定程序？各级管理人员有什么权利和义务？公司治理的依据全部装在《公司法》里，每一个创业者都要熟悉《公司法》。

在这次投资中，我没有坚持自己的投资原则，没有强烈要求约定相关事宜，这是我犯的最大的错误。如果你正准备创业，建议你最好把方方面面的规则拟定完备，并形成法律文件。如果有合伙人觉得没有必要这么详细，你要立即对他说："不！"

连踩两次大坑之后，我的元气大伤。2019年，我又迎来非常艰难的时刻。那是动荡不安、风雨飘摇的一年，我忍着疼痛、咬紧牙关才挺到了今天。非常感谢那些一路陪伴我、与我并肩战斗的伙伴们，让我在最寒冷的冬天感受到了阳光般的温暖。

一阵痛定思痛后，我对未来做了清晰的规划。今天，我又看到了新的希望，至于后面的规划，我一直都在做基础工作。我相信，这个时机很快就会到来，因为上天不会辜负每一个有责任心、有担当，既认真又努力的人。

最后，回首10多年的创业历程，有落寞、有喜悦、有失意、有收获，无论经历什么，我从不曾放弃，因为我早已找到了人生的使命。以下是我在创业中的一些感悟，是我用时间、金钱、精力、痛苦换来的经验和教训，希望对你有用。

（1）持续学习，终生学习。学习是创业成功最重要的前提。

（2）通过付费学习，结识专家，是链接资源最好的方法。

（3）选好合伙人，坚守合伙原则，建立科学的合伙制度。

（4）注意关键选择，不要走捷径，聪明人都在下笨功夫。

（5）在低风险下，多尝试，多试错，尽早建立自己的知识体系。你了解事情的维度越多，成功的可能性越大。

（6）信用是一种极其昂贵的稀缺资源，宁愿亏钱，也不要"亏人"。良好的个人品牌是你一生中最宝贵的财富。

（7）日日精进，持续成长。没有白走的路，你每走一步都在为自己积蓄能量。

（8）保持理性，注意风险，选择善良，保护自己，对生活永远保持热爱和激情。

【逆袭心法：创业本没有风险，有风险的是自己，让自己变得更好，是创业成功的关键。】

CHAPTER

6

人际关系

——高速成长的助推器

6.1 有社交恐惧症和性格内向的人，该如何打造人脉力？

约翰·多恩说："没有人是一座孤岛。"

在人际关系中，要么是你喜欢别人，被别人所吸引，要么是别人喜欢你，你吸引了别人。吸引力是人脉关系的开端，吸引力就是人脉力。

刚上小学的时候，我胆子特别小，不爱和同学们玩，一个人孤孤单单的，总是低着头数蚂蚁，生怕别人闯进自己的世界。而那些性格活泼开朗的同学，身边总是围着一大群小朋友，我只能眼巴巴地羡慕着，内心充满了煎熬。

我还发现，班上有些同学经常向成绩好的同学请教问题，动不动就找人帮忙，还经常组织大家玩各种游戏。我当时心里就想，这些人脸皮怎么那么厚啊？

可是这些"厚脸皮"的同学，往往同学关系特别好，大家都喜欢和他们一起玩。小时候，我感觉自己有社交恐惧症，生怕别人会对自己怎么样。现在想来，其实都是自己吓自己。在现实生活中，我们应该如何克服这种心理障碍呢？

第一，正确地认识自己，增强自我认知能力。

自我认知主要分内在和外在的自我认知，前者主要表现为我们能够认识到自己的特点、价值、愿望及对外界的反应和影响等，后者主要是别人对我们的评价和看法。抛开主观偏见，我们怎样才能认识到客观的自己呢？

首先，自我反思和总结。平时多观察自己的言行，多听听自己内心的声音，多看看别人对自己行动的反应。通过不断分析和总结，我们就能逐渐看到一个清晰的自己，认识自己是与他人交往最重要的前提。

其次，参考他人的评价。以极其诚恳的态度，请亲朋好友对自己进行客观的评价，并请他们提一些中肯的意见和建议。多关注身边那些特别重要的人的看法，是提升自我认知最快的方法。

有时候，我们以为自己是这样的，而在他人眼中，我们却是那样的。只有通过自省和他人的评价，我们才能更客观充分地了解自己、调整自己，进而建立社交自信。

第二，写出恐惧清单，分析恐惧原因。

当我们不知道为什么而恐惧时，我们就陷入了无底的深渊。如果我们把令自己恐惧的事情写下来，再一一对照事实，就会发现很多恐惧被我们主观夸大了。当我们勇敢面对恐惧时，我们就突破自己了。

比如，当你担心讲不好话时，你可以事先做一些准备，私下组织一下语言，再简单练习一下，这样你在与人交谈时就会变得顺畅；当你害怕接近他人时，你可以试着微笑，主动问好，对方的回应会增强你的信心；当你到了陌生的环境，害怕被孤立时，不妨认真倾听，也可以找落单的人主动攀谈。

第三，改变认知，积极成长。

一方面，在认知上进行改变。我们不可能和谁都成为朋友，不要奢求每个人都喜欢我们。在人际交往中，我们只要保持真诚热情，做好自己就可以了。

另一方面，害怕什么就去做什么，担心什么就去尝试什么。关于扩展人际关系这件事，想得太多是无用的，只有不断尝试，才能在实践中找到自信和方法。同时，在人际关系上遭遇挫折时，唯有认真总结，修正错误，才能获得积极的成长。

扩展人际关系不是一蹴而就的，但只要开放自己，我们就走出了成功的第一步。那么，对于性格内向的人来说，应该如何扩展自己的朋友圈呢？

（1）制订社交计划，让自己先动起来。

主动出击是良好的开端。拿出记事本，制订社交计划，列出代办清单，每周至少安排 1 次社交活动，或者 1 对 1 地邀约，比如约人品茶、用餐、聊天等，坚持下去，最多 3 个月，你就得心应手了。

（2）每天进步一点点，一年就是一大步。

你可以试着写一个简单的自我介绍，并在私下里背得滚瓜烂熟。自我介绍的内容最好有料、有趣、有亮点。一般来说，能做好自我介绍的人，总能给他人留下深刻的印象，并获得好的社交机会。

同时，准备好 20 个以上破冰的问题，并熟记于心，以便在冷场的时候使用。做好这些充足的准备工作，一定会让你慢慢变成一个健谈并深受欢迎的人。

不要想着一天就变成社交达人，性格内向的人，需要逐步走出心理舒适区，通过与他人的交往，一点点建立自信心。这是一个心理建设过程，需要循序渐进、稳步推进。比如，昨天主动结识了新朋友，今天主动联系了新客户，这些点滴进步，都会帮助你逐渐提升人脉力。

（3）给自己多增加一些曝光的机会。

如果有活动，你可以争取成为组织者；如果有会议，你可以争取成为主持人；如果有和你专业相关的演讲比赛，你可以争取发言的机会。当你成为大家关注的中心或焦点的时候，就有人主动联系你了。

最后，我总结了 20 个字，可以帮你收获优质的人脉关系：真诚、热情、友善、分寸、付出、感恩、大方、大度、谦虚、自信。把这 20 个字抄下来，贴在最醒目的位置，每天默念 3 遍并认真执行，你的好人脉就自动来了。

【逆袭心法：在人际交往中，最好的突破是主动，最好的方法是练习，最好的关系是吸引。】

6.2 作为人脉小白，如何把陌生人变成熟人？

当我们初识一个人，怎样才能与之建立有效的连接呢？

最简单的办法就是找到彼此的共同点，比如相同的兴趣爱好、饮食习惯、穿着风格、出生地、年龄、信仰、文化等。俗话说，"物以类聚，人以群分"。彼此的共同点是用来识别"自己人"的关键。它能够引起共鸣，拉近彼此的距离。

找到彼此的共同点只是与人相识的第一步，对他人真正感兴趣，我们才能进一步与之发展关系。这里的感兴趣应该是发自内心的，而不是流于形式的寒暄和应酬。你的在意，对方一定能感觉到。

在一次饭局上，我注意到一个细节。一位朋友在向他人敬酒的时候，每次说的台词都一样，而且每次都慌慌忙忙，还没有等对方把话说完，他就一饮而尽，然后迅速地敬下一位去了。这种对他人毫无兴趣的流水式作业，对于社交来说，显然意义不大。

除了对对方感兴趣，我们还要找到对方的关注点，因为一个人最在意的就是自己是否被重视、被认可。找到对方的关注点，就能打开对方的心门，升温彼此的关系。

比如，一个中年男人，可能更关注自己的事业；一个年长的男人，可能更关注旅游资讯，喜欢阅读历史；一个年轻的母亲，可能更关注自己的孩子；一个年长的阿姨，可能更关注自己的家庭。了解他们喜欢谈论的话题，找到他们的关注点，彼此间的距离就拉近了。

有了一定的亲切感，你可以再添一把"火"，让对方激情四射，滔滔不绝，你们的关系很快就能上一个新的台阶。

"你做什么事情最有激情呢？"当你问出这句话时，这把"火"就被你点燃了。此刻，如果时机适宜，大多数人都会兴高采烈地与你分享最令他兴奋的事情。

此时，只要你认真聆听，表示赞许或者惊讶，真诚地去回应对方，并顺势问一些问题，整个交流就会更加深入和融洽了。当你把焦点放在他人身上，以他人为中心的时候，很快就能得到对方的认同。

不过，以上只是建立有效连接的重点。在谈话过程中适时展现自己的亮点，让对方看到你的价值，才是维系彼此关系最重要的纽带。

比如，你是一位医生，有丰富的临床经验，能为他人提供健康管理方面的帮助；你是一位律师，可以在规避法律风险等方面为他人提供支持；你是一位教育工作者，在教育孩子方面可能很有经验。总之，你身上的价值点，就是对方愿意和你交往的兴趣点。

所以，你要知道自己擅长什么，哪些方面具有优势。只有认识到自己的价值，才能为他人创造价值，你的人脉才会越来越广。

如果你的工作与人打交道的时间比较多，你就会接触到很多陌生人，而从陌生人到熟人的过渡，绝不是留个联系方式那么简单。下面我分享一些提升人际关系能力的小经验。

第一，表达占用他人时间的感恩之心。

初次与人相识，无论是交谈还是办事，结束后一定要和对方说："很高兴认识您，刚刚占用了您的宝贵时间，非常感谢！"这是一个很多人都容易忽视的细节。当你主动表达感恩之心时，对方会觉得你很有礼貌，懂得尊重他人，对你的好感度就会迅速上升。

第二，提供支持，主动询问是否可以帮到对方。

在和陌生人相处的时候，如果你展示了自己的价值，对对方也产生了一定的吸引力，你可以主动说："如果你在某方面有需要，可以找我，我很乐意提供帮助。"敞开心扉，张开怀抱，会让对方感觉到你的热情和大方，有助于关系的升温。

第三，留下机会，为将来的跟进和深交打下基础。

很多时候，人们在与初识的人分别时，都忘了一件重要的事，就是一定要给自己留下机会，为下一步的交往打下基础。这是延续关系的重点，否则很可能出现"人走茶凉"的情况。

比如，"我今天回去发一些资料给你，我们保持沟通""那些资料很不错，我下周二给你带来看看""下周六可以约您一起吃饭吗？我正好有些问题向您请教"这些都为下一次见面做好了铺垫。

从陌生人到熟人，只要我们给人留下了良好的印象，展示了价值，制造了再次交往的机会，完成了最重要的转换工作，就行了吗？不，我们还要让熟人再熟一点，熟到可以做朋友的程度。

【逆袭心法：从陌生人到熟人，需要做好黄金六点：共同点、兴趣点、关注点、激情点、价值点、延续点。】

6.3　从熟人到朋友，我们还需要做好哪些功课？

你是否会遇到这样的情形：初次与人相识，虽然彼此交换了联系方式，但过一段时间后，你在联系对方时却忘了对方的一些重要信息，可能对方也记不清你是谁了。

我以前经常会遇到这样的情况。后来，我慢慢改变了一些做法。比如，我会在对方的名片背面留下他的重要信息，如突出特点、共同点、关注点、兴趣爱好、彼此交谈的内容、见面时间、见面地点等。如果没有名片，我就把以上信息记录在手机的备忘录上，然后截屏保存在微信的备注栏里，以后再保持更新就可以了。

所以，每当我联系对方时，对方的立体画面马上就会呈现在我的脑海里。在沟通过程中，当我提到一些与对方相关的信息时，对方瞬间就有被重视的感觉，从而迅速对我产生好感。

一般情况下，如果你打算与某人进行长期交往，你应该在分离的 24 小时内与对方联系一次，可以发信息，也可以打电话，简单问候一下，给予对方适当的赞美，并为下次见面做好铺垫。24 小时之内回访非常重要，不要等对方已经把你忘了，你再联系对方，那就太尴尬了。

当我们的联系人名单不断增加的时候，我们就需要对其进行整理，区分强关系和弱关系了。强关系指的是认识时间长、经常联系、感情深厚、互惠互利的家人、亲戚、朋友等。

弱关系指的是认识时间短、联系频率低、感情基础薄，没有互利互助行为和家族血缘关系的人，主要包括以前的同学、老师、不常联系的朋友、萍水相逢的人等。

这是不是意味着我们要重视强关系，而忽略弱关系呢？当然不是！每种关系的背后都有其独特的资源，甚至有时候弱关系反而能发挥关键的作用，并且，关系强弱是可以相互转换的。有些强关系不走动，可能就会变成弱关系；有些弱关系加以维护，可能就会变成强关系。

英国进化心理学家罗宾·邓巴提出了"150定律"，即一个人能够维持紧密关系的人数上限是150人。一个上千人的手机联系人中，绝大多数人都是我们不常联系的，所以，我们需要利用有限的时间和精力，对我们联系人名单中的强弱关系进行分类管理。

筛选出具有人脉价值的名单，并根据重要程度对其进行分类。重要的伙伴关系至少1个月联系一次，见面或打电话都可以；次重要的关系2个月联系一次，可以发信息问候一声，分享一下近期动态；一些重要的，但鲜有见面机会的重量级关系，半年或者一年联系一次就行了。

而对于强关系来说，由于来往频繁，就没必要设置联系的频率了。在此分享两个小技巧：第一，如果你担心名单有遗漏，可以在电子日历上设置这些人的联系频率，如果能记住他们的生日，在特殊日子送上祝福，效果是极好的；第二，与人联系时，除非特殊情况，否则不要发语音，在编写祝福短信时，不要千篇一律，更不要群发，不是用心编写的信息不如不发。

从熟人到朋友，是一个逐渐升温的过程。如果你加了对方微信，你可以通过以下七步来实现从熟人到朋友的转化：

第一步，给朋友点赞和评论。大多数人都喜欢被人关注和肯定，真诚而恰到好处的评论能引起对方的注意，使你快速获取对方的好感。

第二步，结合对方的职业和爱好，推送一些对方可能感兴趣的信息。比如，遇到好的文章你可以推送给对方，并附上一句："我感觉这篇文章很棒，可能对你有帮助，所以分享给你，希望你喜欢。"

第三步，经营好你的微信朋友圈。多分享一些积极向上的内容，并持续输出个人价值，让别人知道你是一个什么样的人。同时，强烈建议你不要将朋友圈设置为三天可见模式，因为不喜欢你的人，对你发布的内容不感兴趣，不会去看，而喜欢你的人，却无法通过你的朋友圈了解你。

第四步，在节假日时发信息进行问候。如果方便，平时也可以快递一些家乡特产、应季水果给对方尝尝。这种方式对方易于接受，而且价格不贵，情意浓浓，可以让对方感觉到你是一个有心之人。

第五步，约对方一起品茶、喝咖啡、吃饭等。在沟通的过程中，你们可以对事业、生活、爱好进行交流，使彼此有更加深入的了解，进一步增进感情。

第六步，请对方帮一点小忙。很多人认为，尽量不要给朋友添麻烦，其实人与人之间，越是互相帮忙，彼此的关系就会越近。大家在互帮互助中不但增强了信任，还建立了深厚的友谊，这就是"富兰克林效应"。

但是，请对方帮忙要注意数量和难度。举手之劳的事可以请对方帮忙，如果难度太高、很难解决就不好了。凡事得有一个度，掌握好分寸很重要。

第七步，真诚地给对方提供帮助。与人交往中，给对方提供帮助是个人价值的重要体现。予人玫瑰，手有余香，做人际关系中的"富人"，就从帮助他人开始吧！

【逆袭心法：从陌生人到熟人，打开了一扇窗；从熟人到朋友，打开了一扇门；从朋友到挚友，敞开了一颗心。只要真诚利他，输出个人价值，我们就能收获优质的人脉关系。】

6.4　滚雪球：高质量社交 10 倍提速法（上）

如果我们只是一片雪花，怎么才能滚出一个雪球来呢？如果要扩大我们的朋友圈，有哪些办法呢？以下这些方法非常好用，你也可以试试。

第一，行业会议是藏龙卧虎之地，好好把握每一次参加会议的机会。

一般情况下，只要是稍有规格的行业会议，都会邀请业内的重要嘉宾，可谓精英云集、人才会聚。如果你有机会出席这样的会议，一定不要浪费了好机会。

首先，对会议进行分析，了解组织者是谁、核心工作人员有哪些。如果你能为会议提供一些支持，你很可能成为他们的朋友。通常情况下，他们有重要嘉宾的名单，如果他们能够引荐你，你可能会收获非常重要的人脉关系。

其次，如果你能贡献独特的个人价值，你可以争取上台曝光的机会。短短几分钟，你就可能会成为焦点，但这种机会可遇而不可求。当然，你也可以选择坐在靠前的位置，提前准备一些与会议有关的高质量问题。中途的问答环节，就是你与嘉宾交流的机会。当然，会议结束时，你可以抓住时机再次向嘉宾请教。

最后，在会议开始前，你可以和你座位相邻的与会人员简单聊聊，看看有没有想认识的人；会议中，一些演讲嘉宾在分享经验的过程中，会透露自己的一些信息，比如公司、职位等，会议结束后，你可以查询相关资料，找机会再去拜访；中场休息时，舞台旁边、吧台处、饮水区，都是可以重点关注的地方。

第二，参加一些社团组织或高质量的学习班，多贡献自己的力量。

有选择性地参加一些有意义的社团组织，承担组织者或者志愿者的角色，积极为他人提供服务，展现个人价值，让自己成为发光体，进而获得更多人脉资源。

同时，一些高质量的学习班也是理想人脉的聚集地。在学习过程中，我们不仅能增长知识、开阔视野，学员之间还可以相互整合、资源互通，达到互惠互利的目的。

创业以来，我参加的学习班不下 30 个，也在一些社团组织中认识了一些朋友。这些人脉关系对我的事业产生了一定的帮助，但是，人脉只能起到辅助作用，我们千万不能因为扩展人脉关系而影响自己的事业发展。建议选择那些社团活动频率较低的组织，以每季度、每半年组织一次活动的为好。

第三，找到超级连接点，就可以扩展更广泛的人脉关系。

什么是超级连接点？在《引爆点》一书中，作者提到了三类人：连接人、专家和销售。他们具有独特的魅力，是社交中的人脉达人，是人与人连接的超级节点。

比如，我的朋友小 C 曾在事业单位工作，又做过保险经纪人，人脉关系十分广泛，总能帮我顺利对接到需要的资源。如果你身边有这种能量强大的"人际百事通"，一定不要错过了。

专家之所以是超级连接点，是因为他们在某些领域的权威性和专业性，往往能给他人提供指导或者帮助，所以他们身边不乏各种仰慕者和追随者。

销售精英通常具有较高的职业素养，他们不仅知道怎么把产品销售出去，更懂得如何对自己进行营销。他们的专业技术娴熟，深谙人性，往往能够获得他人的赞赏及认可。

第四，利用用餐时间展开社交。

大多数人都对美食感兴趣，面对美食时，大家的心情通常会变得愉悦，关系也越来越融洽。如果你想拉近与一个人的距离，就约他一起用餐吧！

早上用餐时间较短，适合短暂的交流；中午用餐时间稍长，可进行深入的沟通；晚上则可以邀约重要的伙伴共进晚餐，但不宜过晚；周末、节假日、特殊的日子等，都可以让美食成为连接人际关系最好的纽带。

第五，让自己拥有吸引优质人脉的体质。

如果我们给别人提供不了任何价值，或者我们没有任何增长的潜力，别人为什么要帮助我们呢？

我的朋友给我讲了一个故事。我朋友的公司准备招聘一位设计师，面试了一个叫作 W 的应聘者。双方都十分满意，我的朋友通知对方周一来上班，可公司临时有变，他在周日又通知对方不用来了。结果，对方不仅没有抱怨，还感谢公司对自己的认可。

更令人意外的是，W 在面试结束后，主动为公司的两个新产品进行了设计调整，他收到取消上班的通知后，还是免费把设计稿发到了公司的邮箱。

我的朋友对 W 好感顿起，并和他保持了联系。半年后，当公司又需要招聘设计师时，我的朋友第一时间想到了 W，他们合作得十分愉快。我问朋友为什么会选择 W 呢？朋友说，W 是一个主动提供价值，并具有增长潜力的人，我为什么不选择他呢？

是啊，谁不喜欢真诚、朴实、上进、利他、善意的人呢？可见，让自己变得更好，自然就能获得优质的人脉关系了。

【逆袭心法：在人际关系中，你是什么样的人，什么样的人就会出现在你的生命中，一切都是你自己的安排。】

6.5　滚雪球：高质量社交 10 倍提速法（下）

准备好了吗？我将为你提供一顿加强人际关系的"大餐"，相信你一定会非常喜欢。只要你用心实践，很快就能受益。

（1）不要抱怨自己太忙，不要说没有时间去经营人际关系。你可以利用碎片化的时间去关注他人，比如发个信息、打个电话，占用不了多少时间。

（2）不要总是找人帮忙，而要主动帮助他人。索取与给予是一种平衡关系，前者是取款，后者是存款。你的人际关系是否"富有"，取决于你帮助了多少人。

（3）在人际交往中，不要过于表现自己、炫耀自己，要懂得在一定程度上示弱，收敛自己的锋芒。

（4）凡事有交代，做事认真负责，不轻易承诺，但重于承诺，不妄言、不冲动、不随意表现，遇事沉着冷静、处事稳重周全，才能给人十足的安全感。

（5）心怀善意、感恩他人、提供价值、以心相交。做到这 16 个字，足以让你左右逢源、无往不利。

有人说，拓展人际关系并不难，难的是怎样才能快速地建立起高质量的人脉网络。你是否也有这样的困惑？不必烦恼，你只要做到三步就可以了。

第一步，学会筛选，好人脉都是筛选出来的。

如果你身边的社交关系是没有经过筛选的，其质量一定是参差不齐的。在人际交往中，我们要有筛选思维，把低质量的关系过滤掉，把高质量的关系沉淀下来，只有高质量的关系才是值得我们经营的关系。

当然，我们筛选高质量关系的前提，是我们有筛选的资格。这是一个双向筛选、相互匹配的过程，我们只有不断打磨自己，塑造自己，我们的价值才会越高，才能掌握筛选的主动权。

我有一个朋友是做招商加盟业务的，他在各个渠道投放了大量的广告。由于他的产品比较好，来自全国各地的咨询电话异常火爆。很多人只经过简单洽谈就准备打款签约，朋友一一拒绝了。

我百思不得其解，忙问朋友："这是多少人梦寐以求的好生意啊，你为什么不赶紧收钱呢？"

朋友笑而不答。原来，他和市场总监亲自面试了每一个客户，经过严格、仔细的筛选，他们只留下了不到 1/3 的客户，后面又经过两轮筛选，大概只有 1/5 的客户能和他们公司签约。

朋友告诉我，收钱很容易，不收才是一种智慧。他们只愿意和有成功潜质的客户合作，这样才能叠加他们的价值和影响力。那些未经筛选的客户虽然可以让他们获得眼前的利益，但从长远来看，很可能是一个"双输"的局面，这不是他们所期望的。

我如梦初醒。当自己有足够价值的时候，只有筛选更优秀的合作伙伴，才能叠加自己的势能。同时，合作伙伴的成功，会进一步促进品牌价值的增长，从而形成一个良性循环的过程。

合作关系如此，工作关系如此，人际关系亦如此。懂得筛选，敢于筛选，才能收获更高质量的人际关系。

第二步，加强价值互动。

有很多人际关系，其实都处于沉睡状态，如果不加强互动，双方就会慢慢变回陌生人，只有建立有效连接，才能让人际关系产生价值。人际关系中有个"三点式"情感进阶过程：

第一点，点头之交。见面时点点头，寒暄一下，只是礼仪的往来，这是最浅层次的人际关系。

第二点，点赞之交。双方觉得彼此还不错，或许还有进一步交流的可能，于是加了微信，平时在朋友圈里互相点个赞，并没有过多的交流，这是更进一层的人际关系。

第三点，点钱之交。大家通过初步的了解，觉得有很多共同的话题，慢慢发展成了朋友关系，继而合作共赢，皆大欢喜，这就是深层次的人际关系。

从点头之交到点钱之交，是一个典型的人际关系的进阶过程。人与人相交，真诚是情感的催化剂，价值是情感的黏合剂，加强人际关系中的价值互动，是从弱关系走向强关系的开始。

麻省理工学院的一位教授曾说："所谓的关系，不过是一场精确的匹配游戏，重要的是门当户对。"准备好自己的价值，叩开对方的大门，勇敢和对方发生连接，才是最重要的第一步。你最大的损失可能是被拒绝，而收益却可能是无限的。

虽然人脉不一定非是"点钱之交"，但是提供价值是非常必要的。特别是对于生意场上的朋友来说，人脉就是钱脉。在精力和资源有限的情况下，有没有办法突破一下呢？

第三步，滚雪球，高质量社交 10 倍提速法。

每个行业都有顶端的高级人才，他们掌握着行业大部分资源。我们可以通过行业会议、他人引荐、付费咨询等方法和他们建立联系。只有和高人为伍，与强者同行，我们才能快速地提升自己。

在做礼品生意的时候，由于被模仿速度很快，我遇到最大的一个难题就是，如何尽快让更多的经销商知道我设计的礼品，从而获得更多的订单。我的礼品红利期往往只有 2~3 个月，我要想尽一切办法扩展自己的销售渠道。

后来，通过梳理关系和对礼品流通渠道的分析，我很快找到了打开市场的重要思路：找到关键人物！

比如，大礼品公司的关键人物、大经销商的关键人物等，这些关键人物在自己的领域深耕多年，有着非常完善的渠道和网络，只要利润合理，他们很快便能把产品铺向市场。自从和他们合作后，我的销售数量提升了 5 倍以上！

找对人，做对事，可以倍增你的人脉关系和业绩。在人际关系中，你可以利用关键人物和社交明星，把一颗颗闪亮的珍珠串起来，从而构建一个庞大的社交网络，这就是快速发展高质量人脉的关键。

【逆袭心法：阿基米德说："给我一个支点，我就能撬动地球。"在社交网络中，只要找到关键的人脉支点，即使我们只是一片雪花，也能滚出一个漂亮的雪球来。】

6.6　为什么我的善良总得不到善意的回报？

有人说，善良的人很容易受到伤害，真的是这样的吗？

心地善良的人，内心比较柔软和敏感，处处为他人着想，很在乎别人的感受，宁愿自己吃亏，也不让他人有半点损失。

张三说，对不起啊，我不是故意伤害你的，你说没事；李四说，这一单生意，我要多分一点，你说没问题。你总能善意地理解他人，总是毫无条件地帮助他人，你认为只要你对别人好，别人就会对你好，你越在乎别人，别人就会越在乎你。

可是，你慢慢发现，你的付出并没有换回别人的感激之情。在别人眼中，你反而变得越来越没有分量了。相反，那些有自己原则的人，更能获得大家的尊重。难道你做错了吗？

做一个善良的人，当然没错，懂得为他人付出，是一种可贵的精神。但是，凡事得有一个度，当你的付出超出了一个合理的界限时，可能会适得其反。

一个人对事物的珍惜程度，和他的付出成正比，即付出越多，越珍惜。如果别人总是可以低门槛、无代价地获得你的付出，他们自然不会珍惜。对你的善良和付出设置一定的门槛，更有助于人际关系的良性发展。

古典在其《跃迁》一书中提到了一个人际策略，主要有三个关键词：善良、可激怒、简单。

（1）善良。与人相交，首先要保持善良，以诚待人，从不主动背叛是我们鲜明的态度。同时，我们的善良是有筛选条件的，只有值得我们付出的人，我们才能对其义无反顾。

（2）可激怒。我们不能无原则地施恩于人，更不能让对方认为我们的善良是软弱可欺的。当对方背叛或者恩将仇报时，我们要立即采取"可激怒"行为，还对方以颜色，让对方知道我们是有底线的。

（3）简单。让对方了解我们爱憎分明的行事风格。说得简单一点，就是要让别人清晰地知道我们的善良和可激怒的态度。我们虽然很好相处，但也是有原则的。当大家了解我们的风格后，彼此的沟通成本就降低了，相处模式也就简单了。

有时候，我们对别人有求必应，或者太过在乎别人的感受，反而得不到应有的尊重和回报。只有掌握合理的尺度，我们的善良才会变得更有价值。那么，我们应该怎么做呢？

第一，多关注自己的感受，不要因为善良而伤害自己。

与人相处，我们应该有自己的交往原则，既要积极地付出，也要学会保护自己。当我们遭遇不公平待遇时，一定要大胆地说出来，与对方认真沟通。如果对方不愿意改变，我们就要果断地舍弃这段关系。

第二，设置人际交往规则，让对方知道我们的底线。

在人际交往中，如果我们总是无条件地答应对方的要求，哪怕心里并不愿意；无论对方做错了什么，比如爽约、背叛，甚至冒犯我们，我们都表示理解；我们总是做"好好先生"，几乎没有和人红过脸。别人会怎么看待我们呢？我们一定要让对方知道什么事情可以做，什么事情不能做，给对方设置规则，在反馈和调整中了解彼此的底线，这样的关系才能健康持久。

第三，不必刻意讨好任何人，认真做好自己，我们的善良应该给对的人。

人际关系是一个迎来送往的过程，你走，我不拦你；你来，我欢迎你。我们总是可以不断认识更多的陌生人，匹配到更合适、更舒适的关系，所以，我们不必刻意讨好任何人，只要认真做好自己，就能收获更好的人际关系。

【逆袭心法：善良是一种选择，也是一种态度，当我们把善良武装起来，我们的真诚和善意才会更有力量。让善人得善果、好人有好报，才是善良最大的价值和意义。】

6.7　如何迅速找到自己的"贵人"？

做事靠自己，成事靠"贵人"。"贵人"不一定比我们身份更高贵、地位更显赫，而是在某些方面比我们更优秀，能够帮助我们更好地成长。在人际交往中，每个人都希望得到"贵人"的指点和帮助，我们如何才能迅速地找到自己的"贵人"呢？

需要注意的是，我们要先点亮自己，让"贵人"能够发现我们。如果我们自己没有价值，"贵人"自然也爱莫能助。那么，我们应该如何创造自己的价值呢？

（1）外在价值。初次相识，你的形象决定了你的价值。干净整洁、衣着得体、举止优雅，一个阳光健康的形象就是一张有价值的名片。管理好自己的形象，就是在为自己创造价值。

（2）内在价值。外在形象决定印象价值，内在价值彰显个人魅力。相对于外在价值，内在价值更能体现我们的涵养品性，是我们最重要的价值参考标准。内在价值主要表现为我们的语言交流能力、思想表达能力、情感交流能力及行为特征等，从不同角度展示了我们的世界观、人生观和价值观。我们的价值，最终是由我们的内在价值决定的，我们所有的修炼，都是为了提升内在价值。

（3）价值展示。价值展示就是利用合适的时机，借助工具进行成果演示。这里的成果可以是我们取得的成绩、获得的奖励、出色的经历等。在人际交往中，人们会受到利益的吸引和驱动，只要我们能输出自己的价值，就有可能受到别人的关注。

为了巩固内在价值，我们还要善于管理自己的外在印象。事实上，我们几乎都是被动地给人留下印象、被人贴上标签的。要想获得好的人际关系，我们必须主动出击，刻意经营自己的外在印象。

首先，我们要给自己确定一个核心关键词，比如 10 年教育经验的小学语文老师、哈佛毕业的 MBA 高才生、全国记忆大赛冠军等，把特长、职业、荣誉等关键词与我们结合起来，一幅立体的画面就浮现出来了。

强烈建议你提前准备好一段精练的文字，或者制作一张极具专业性的海报，内容包括个人简介、主要特长、重要经历，以及取得的成绩等。把它作为你的微信背景墙，或者当你认识新朋友时，把它发给对方，一定会让对方感到眼前一亮。

其次，通过一件事，把我们的形象深深地刻在对方的脑子里。一般的人际交往很难给人留下深刻的印象，我们只有做出超出预期的事情，触动对方内心，才能让对方牢牢地记住我们。

我有一个朋友是做健康管理的，其公司文化只有 8 个字：五星服务，健康第一。我觉得"五星"二字没有标准，客户很难体会到。他是怎么做的呢？

有一次，得知某个客户生病住院后，他为了买到野生鲫鱼，走了几个菜市场。他亲自把汤熬好，用保温瓶装起来。适逢下雨，由于没有打到车，他打着雨伞走了 30 多分钟，才把鲜美的鱼汤送到了客户的病床前。客户看到他全身湿透的样子，感动得泪流满面……

打造个人价值，塑造个人形象，没有捷径，只有认真。认真到什么程度呢？我有一个朋友，他的孩子在刚入职场的时候，除了做事认真，几乎没有其他优势。

他做的是销售工作，每个月底，他都会主动把自己当月的销售情况、销售心得、个人经验写一篇 2000 字左右的文档，然后打印出来交给主管，请主管提出意见和建议，并虚心向主管请教和学习。

刚开始，主管感觉到很吃惊，后来就慢慢习惯了，并十分乐意和他交流探讨工作。一年后，他的能力有了突飞猛进的提高，得到了领导的赏识和提拔，成了部门经理。

领导是他的"贵人"吗？当然是，但他也是自己的"贵人"。他做的一切不是公司要求他做的，而是他自己主动做的，这才是关键。

如果你想有所作为，就一定要做一个积极主动的人。你越认真，你的机会就越多。当你认真起来的时候，"贵人"自然就发现你了。

【逆袭心法："贵人"不是等来的，也不是碰上的，我们只有创造自己价值，才能遇到自己的"贵人"。】

CHAPTER

7

多维成长

——成长，不止一面

7.1　千万不要成为这种人，否则你很难成长！

朋友曾给我讲过一个故事。他有两个同学：一个聪明机智，似乎无所不知，无所不晓，大伙儿都叫他"百晓生"；另一个"愚钝笨拙"，总是反应迟钝，后知后觉，大伙儿都叫他"慢半拍"。

大家在一起讨论问题的时候，百晓生永远是最积极的那一个，只要话匣子一打开，他就能把话题从一维世界聊到多维时空，从小到针尖延展到浩瀚宇宙，大家为了跟上节奏，只好不断地点头。

而慢半拍呢？他有一个习惯，不懂的问题总爱向百晓生请教。百晓生的幸福感总在这个时候直线飙升。百晓生好为人师，从不吝惜自己的"才华"，经常把慢半拍说得目瞪口呆。那几年，百晓生的优越感经常从脚底涌向头顶。

多年后，早已投身社会的百晓生居然也不堪生活的重负而频频跳槽，希望能找到一个中意的东家。他广投简历后，收到了一家公司的面试通知书。当他进入面试房间的时候，不禁惊呆了，对面的面试官竟然是慢半拍！百晓生顿时感到惊讶、尴尬、感慨、失落，各种情绪涌上心头……

这是一个具有戏剧性的真实故事。真正厉害的人，总是低调谦逊、虚心学习，而假装厉害的人，总是虚张声势、扬扬自得。

百晓生遍地都是，而稀缺的慢半拍才是真正的赢家。

生活中，你所拥有的，可能正在让你失去；你所渴望的，可能正在向你走来。保持开放的心态，虚怀若谷，敢于否定自己、打倒自己，走出固执、狭隘的自我，才能得到真正的成长。

我在做礼品生意的时候，曾经有人让我帮忙代销某款产品。对方极尽溢美之词夸赞这款产品，说自己倾注了所有的心血来打造这款产品，这是他一生的巅峰之作，不敢说后无来者，但绝对是前无古人。

那它的销量一定不错吧？我问道。他摇了摇头，叹了口气，然后以产品在渠道、人脉、资金、推广等各方面遇到的问题描述了自己的困境。总之一句话：产品没问题，都是其他方面的问题。

我婉言谢绝了合作，因为一个真正好的产品，是不缺资金、渠道和人脉的，只有不够好的产品，才需要靠"托关系"来弥补。

敢于正视自己的不足，保持谦虚的心态，不断提升自己，才有更多的生存机会。满招损，谦受益，敢于不如人，才能胜于人。

我在做电子商务公司的时候，与公司合作的运营团队可谓是"顶尖高手"，声称自己有 20 多年的运营经验，拥有好几万人的团队。他们的商业模式是市场上最先进的，年销售额至少 5 亿元起步；心情"愉悦"的时候，他们甚至连电商巨头都不放在眼里。

他们说的全是高大上的战略，但一说到战术，总是含糊其词、模糊不清。我感觉自己的身份只适合听他们聊战略，而我的心里总有一种不安的感觉。

结果证明了我的担忧。以后每每与人打交道，我都会特意地观察对方的言行，凡是夸夸其谈、满口承诺的人，我都要给他们打个问号，再把其可信度打个 5 折。我不断去验证，最后发现很多人连 1 折的水平都没有达到。

真正厉害的人，从来都不会说自己很厉害，反而是那些没有什么本领的人，总爱标榜自己。如果厉害靠吹牛，那么牛这么憨厚老实的动物真是背了个"大黑锅"！

我曾经合作过的一个企业主，因为自己的问题把事情搞砸了，但是他不仅不好好反省，还把责任推卸给对方，实在令人失望。而另一个企业主，却因为自己的一点点失误不断自责、不断检讨。人与人的差距，大概就在这里吧！

弱者用语言强大自己，强者用实力证明自己；弱者用自负毁灭自己，强者用自谦成长自己。做弱者还是强者，只在一念之间，结果却天差地别。

前几年，我在向一家财税公司的经理做咨询时，恰好一位相关部门的老领导也在。因为一个财税问题，经理和这位老领导的意见出现了分歧，并激烈地争执起来，气氛十分尴尬。我心想，可能是这位经理怕丢脸。老领导德高望重，怎么可能出错呢？

大家平息了片刻，不一会儿，老领导突然说："不好意思，我刚刚忽略了一个细节，真抱歉，是我错了！"老领导的话诚意满满，我们瞬间被征服了。这才是真正的力量！

敢于承认不足的人，格局都很大；敢于示弱的人，心中都藏有千军万马；敢于承认错误的人，往往都很强大。

一个市区的冠军看到省冠军的时候，才知道什么是优秀；一个省冠军看到全国冠军的时候，才知道什么是卓越；一个全国冠军看到奥运冠军的时候，才知道什么是强大。奥运冠军就是最厉害的人了吗？不，每年都有人不断刷新奥运纪录，他们才是真正强大的人！

　　天外有天，人外有人。在这个世界上，好是没有止境的，优秀是没有边界的，甚至那些优秀的人，比你还要谦虚，比你更加努力。你有什么理由骄傲自满呢？

　　【逆袭心法：在成长过程中，我们要花很长的时间来建立自我，还要花更长的时间来突破自我。只有放下自我，摆正心态，走出狭隘与固执，才能与成长一路同行。】

7.2　成长，如何才能杜绝"间歇性"努力？（上）

每个人都渴望极速成长，可是，对于一些人来说，成长是一件非常艰难的事，因为在成长的过程中，会面临很多困难和挑战。

我们给自己定下了许多成长的目标，比如早起、阅读、健身等。一开始，我们总是热血沸腾、信心满满，可坚持一段时间后就草草收场了。我们常常陷入"间歇性努力，持续性懒散"的怪圈之中，如果不能使努力成为一种常态，我们又如何成长呢？

为什么努力会变得这么吃力呢？因为我们的努力通常都是强制性的，强制性早起、强制性阅读、强制性健身……而我们的内心呢？恰恰相反，它并不乐意接受这些强制性的约束，也就是说，我们的努力是"反人性"的。

"反人性"的努力能持续吗？当然不能！因为它会令我们感到痛苦，我们会从内心深处抵制和排斥这种努力，以至于越努力越排斥，越努力越痛苦。我们达成目标的欲望和内心深处的抵制会形成博弈，我们很快便会陷入间歇性努力的恶性循环。

小 A 告诉自己要早上 6 点起床，可闹钟响了一遍又一遍，就是起不来；小 B 规定自己每周看一本书，可一周过去了，一本书才看了 10 多页；小 C 下定决心每天跑步 30 分钟，才跑了 2 次，就腰酸背痛不想去了。

　　其实，每个人都想通过努力过上更好的生活。既然选择努力，就要懂得舍弃，给自己制定一些规则和限制，这就是我们常常讲的自律。

　　自律即高级，自律才自由。是的，自律确实可以让我们获得更高级的东西，但自律真的让我们身心愉悦和自由了吗？恰恰相反，很多时候，我们越自律，越求而不得，因为我们的自律，全靠意志力苦苦地支撑着。

　　我们要想达成目标，就要抵制外界的各种诱惑，强迫自己去完成一个又一个艰巨的任务。当我们面对困难和挫折时，我们的意志力越强大，就越能战胜困难，获得成功。

　　英国文学家塞缪尔·约翰逊曾说："成大事不在于力量的大小，而在于能坚持多久。"对于个人而言，拥有强大的意志力，是取得成功的重要保障。

　　然而，意志力是有限的。当意志力消耗殆尽的时候，其力量就会越来越弱。因此，我们想要通过意志力来达到自律，倒逼自己形成一种自律的生活方式，往往是行不通的，因为我们很难将自己的意志力长期维持在很高的水平。

　　在现实生活中，我们更喜欢做让自己感觉良好的事情，而不喜欢做让自己感觉糟糕的事情，所以，当我们启动意志力来迎接挑战的时候，就是我们暂时违背本能的时候。于是，矛盾很快就出现了。一边是靠意志力支撑的自律，一边是强大的本能。当意志力在短时间内大于本能的时候，自律会发挥一定的作用；但随着时间的推移，强大的本能很快便会战胜意志力，并迅速反弹。

我们都知道健康的重要性，可刚刚锻炼几天，就感觉太累，不想坚持了。经过一番思想斗争后，本能很快占据了上风，我们便顺理成章地放弃了。这是许多人的自律历程。当意志力渐渐衰退后，我们开始对自己的能力产生怀疑，并对自己的欲望感到恐惧，甚至出现逃避的心理。

我们曾经认为压力就是动力，只要多给自己一点压力，就能实现自己的梦想。可是，现实往往事与愿违，我们"自虐式"的努力并没有得到想要的效果，我们反而对自律产生了一种厌烦的心理。可见，如果一件事情需要我们竭尽全力地咬牙坚持，我们能坚持多久呢？

然而，有的人每天5点就起床早读，有的人每天都坚持学习，有的人天天参加锻炼……是他们的意志力更强大吗？不，他们做这些事既不需要痛苦地坚持，也不需要强大的意志力，因为他们非常享受这样的生活方式。

在他们那里，自律变得毫不费力，因为他们早已超越了本能，并成功地驾驭了本能。他们遵从自己内心真实的感受，把自律变成了自驱。

什么是自驱？自驱就是你理解并顺应内心的真实感受，然后让这种感受引导自己去做正确的事情，比如健身。除非你深刻体会到健身带来的好处，否则你很快便会丧失意志力。

自律会让我们压制内心享受舒适的本能，带着痛苦去锻炼；自驱会让我们为了得到更好的身材、健康的体魄，给意志力持续

"供电"，从而形成了强大的自驱力。

瞧瞧，我们再也不用通过自律来和自己"对着干了"，我们开始顺应本能接纳自己，从而产生一种自驱力。现在，这种坚持就变得毫不费力了！

现在我们终于明白了，自律不是违背自我的感受，而是遵从内心的声音，因此，**我们追求的不是自律，而是自驱**：我们早起，是因为早起可以让我们成为积极向上的人；我们阅读，是因为阅读可以让我们成长；我们锻炼，是因为锻炼可以让我们活力四射。

可见，只有当我们开始自我接纳，愿意对自我负责的时候，我们才有足够的动力去改变自己，从而持续去做那些有益于人生的事情。那么，我们具体需要怎么做呢？

【逆袭心法：自律消耗意志力，自驱提高战斗力，比起自律，我们更需要自驱。】

7.3 成长，如何才能杜绝"间歇性"努力？（下）

相对于克己式的自律，自驱才是一种更强大的生活方式。它让我们学会接纳自己，发现自己真实的需求和感受，从心出发，笃定前行，从而为我们的生活提供源源不断的动力。

一个人的自驱模式，是由三部分组成的：第一，我想成为什么样的人；第二，我需要采取哪些行动；第三，通过自律，我成为我想成为的人。

比如，你想成为演讲达人，那你的自驱模式应该是这样的：

首先，你为什么想要成为演讲达人？因为你经常出席各种行业会议，你想通过演讲，把公司的产品展现给更多的潜在客户，让产品获得更多的曝光机会，从而收获更好的业绩。于是，练就一副好口才就成了你的刚需。

其次，既然演讲对你这么重要，那么你自然愿意花更多时间去培养自己的演讲技巧和能力了。

最后，通过大量的学习和不断的练习，你终于拥有了较高的演讲水平。通过演讲，你的产品得到了更多人的认可和欢迎。现在，你终于通过自驱达成了目标！

因为有了持续的内在刚需作为驱动，所以我们的自律才会持久。这种自驱模式，其实就是为我们所做的事情赋予足够的意义，从而让我们找到坚持的动力。那么，我们应该怎样培养自己的自驱力呢？

很简单，我们只需要改变自己的目标，即我们不要把"结果"当目标，而要把"养成习惯"当目标。怎么理解呢？

以减肥为例。我们总爱给自己制定这个月减多少斤、这个季度减多少斤的目标，这些量化的短期目标，看似没有问题，但在执行的过程中，会让我们面临很多挑战。比如，吃饭的时候，我们会纠结每餐的品种和分量；运动的时候，我们要考虑运动的频率和强度。这种目标和本能的较量，很容易消耗我们的意志力，效果很可能不尽如人意。

我们追求的短期目标，往往是靠牺牲意志力来达成的。一旦目标达成，副作用马上就会呈现，我们的意志力很快就会被削弱，坏习惯立即重现，这就是很多人减肥反弹的重要原因。

这就像我们努力把石头推向山顶一样。由于地心引力的作用，石头很容易就会从山顶上滚下来。如果我们换一种方式，把有限的意志力放在达成目标的习惯培养上，结果可能就不一样了。

我们不要关注每个月、每个季度减了多少斤，而要把注意力聚焦在哪些行为习惯可以帮助我们减肥。于是，我们开始培养重视饮食的习惯，培养锻炼身体的习惯。通过培养良好的生活习惯，我们最终达成了减肥的目标。

我们的学习成果可能会改变，但是，我们养成的学习习惯会让我们终身受益，这就是培养习惯的重要性。它决定了我们将会成为什么样的人。那么，我们应该如何培养自己的习惯呢？

第一，要找到采取行动的意义。

我策划过很多健康项目，其中一些因为没有深远的意义而夭折了，直到有一天，我认识了某慢性疾病中心的主任。他是中医药量化研究的发起人，其独特的中医药治疗方案，对各种顽固慢性病的治疗效果突出。我决定与他进行深度合作。

因为社会共识和教育成本太高的问题，该项目的进程十分缓慢。但是，由于这套技术体系可以帮助更多的患者朋友脱离苦海、重获新生，所以激起了我强烈的责任心和使命感。

当熙熙攘攘，皆为私利的时候，我们的内心是弱小的；当奉献价值，意义深远的时候，我们的内心是强大的。做那些有长远价值的事，我们浑身都会充满力量。如果你也是一个正能量的人，欢迎添加我的微信 dfdg131419，大家相互学习，共同成长。

第二，要发现事物的本质。

比如，阅读是为了获得有用的知识，而不是为了看更多的书籍。阅读是获取知识的一种方式，用知识武装头脑，产生更多生产力，才是阅读的本质。所以，我们只有清醒地认识到行动的本质，才能最大限度地调动我们的意志力来实现目标。

第三，要从养成小习惯开始。

我们刚开始培养习惯的时候，一定要从小事做起，否则容易与我们的本能产生冲突，不易执行。比如，我们要培养阅读习惯，可以从每天看 2 页书开始；要培养跑步的习惯，可以从每天跑 500 米开始……当我们在小习惯上坚持久了，就会慢慢形成长期习惯。各种小习惯不断叠加，就会产生巨大的复合效应，从而让我们的人生迈向新的高度。

在以自驱模式培养个人习惯的过程中，习惯与本能的冲突仍然会产生一些痛苦，只不过我们不是与痛苦抗争，而是在苦中作乐；不是回避痛苦，而是主动承担，痛并快乐着。这种痛就很有意义了。

在我们努力的过程中，别人看到的可能是我们强大的自控力和意志力，但对我们来说，自律只不过是我们内心深处的顺势而为。只有这样的努力和成长，才能让我们杜绝"间歇性"努力。

【逆袭心法：找到内心真正渴望的东西，培养自己的行为习惯，将有限的意志力作用于自驱模式，才能实现真正的极速成长。】

7.4 伟大创举：开创幸福生活的家庭制度

我们如何才能拥有一个幸福的家庭呢？其实很简单，就是让每个家庭成员都能获得触手可及的幸福感。而这种幸福感，来自哪里呢？

每一个家庭成员，都有自己的诉求。比如，我们的父母操劳了一生，还没怎么享福，就步入老年生活了；又比如，我们的孩子迫于身份的"压力"，总感觉自己生活在家庭的"底层"，由于没有和大人对等的"权利"，缺乏一定的"话语权"，他们常常感到特别压抑。

一个朋友主动推翻了"等级森严"的家庭制度，和孩子成了无话不谈的好朋友。他们还缔结了"幸福条约"，约定一起学习，共同进步。孩子因此拥有了一段快乐的童年生活。

每个人心底都有一些小小的愿望，理解他们，尊重他们，走进他们的内心，帮助他们实现心中的梦想，就能收获满满的幸福感。

我们再来看看婚姻，一位教授对成功婚姻的定义非常简单，就 2 条：

一是自己做个好人。

二是再找一个好人。

有人问教授，如果这 2 条没有做到，该怎么办呢？教授说，那就需要做到以下 4 条：包容、理解、忍让、接受。

有人说，这比较难，还有没有其他办法？

教授说，如果做不到这 4 条，那就需要做到以下 16 条：不要同时发脾气；争执时，让对方赢；批评时，要出于爱；所有的矛盾，不过夜；随时准备认错道歉……

有人说，这太难了。教授说，如果做不到这 16 条，那就需要做到以下 128 条，不过到这一步已经很危险了……教授正准备一一列举时，在场的很多人都受不了了，纷纷说道："我还是选择做个好人吧！"

所以，夫妻最佳的相处模式就是，"我是一个好人，你也是个好人"。当大家都是好人时，就没有那么多条约、规则了。夫妻间相亲相爱还来不及，哪有时间去磕磕碰碰呢？

说到底，这是个人修养的问题，个人修养好了，夫妻关系自然就和谐了。婚姻其实就是和对方的优点谈恋爱，却要和对方的缺点生活在一起，不断改正自己的缺点，就是不断提升幸福感的过程。

一个成熟的企业，最重要的是企业文化；一个幸福的家庭，最重要的是家庭文化。老人们常说"吃亏是福"，这是一种社交文化。我把"吃亏是福"改为"吃亏享福"，这是第一个家庭文化，也是家庭文化的核心。

在一个家庭中，如果大家都以自我为中心，就会损害其他人的利益，从而引发家庭矛盾；如果大家都有一种"吃亏"的精神，家庭就会呈现出一片其乐融融的景象。

这种"吃亏享福"的家庭文化力量非常强大，甚至终结了历史上的难题——婆媳关系。一个朋友对岳父岳母非常好，甚至超过了对自己父母的好，他的妻子感动不已，又加倍对自己的公公婆婆好，这就是爱出者爱返。

第二个家庭文化叫作"赞美他人"。在家庭中，如果谁做得好，即使是很小的一件事，也要毫不吝啬地赞美。只有及时地肯定和鼓励，才有源源不断的动力，整个家庭才会在彼此的赞美中，洋溢着幸福的味道。

第三个家庭文化是"自我批评"。在家庭中，指责他人是最低级的错误，而自我批评是最高级的成长。认识到自己的不足，主动承认自己的错误，勇于自我批评，不断成长，才是对家庭最大的奉献。

其实，家庭也需要经营和管理。在这里介绍一个很厉害的家庭会议制度，是我在某上市公司老总那里学到的。他的家庭幸福指数之所以很高，这个家庭会议制度发挥了关键作用。

这个家庭会议制度要求每个家庭成员都必须参加，并要遵守相关规定。会议一般为 1 月 1 次，大致内容和流程如下：

（1）确定主持人。主持人由每个家庭成员每月轮流担任，人人有份。

（2）发言顺序。一般按照丈夫、妻子、儿女、老人的顺序进行发言。

（3）工作汇报。每个人对本月的主要工作、取得的成绩、解决的问题进行发言。比如，丈夫汇报完成的任务，获得的成绩；妻子分享家庭工作，辅导孩子的成果；儿女讲讲学到的新知识，成长的感悟；老人说说健康知识，身体情况等。

（4）制定目标。下个月或下个阶段，自己要完成哪些工作，达成什么目标。

（5）赞美他人。对其他家庭成员进行真诚的赞美。

（6）自我批评。针对自己做得不好的地方，主动做检讨，并制订改善计划。

（7）每次会议都设计了小惊喜环节，总有人会得到意外的惊喜，比如小礼物、纪念品、家庭突出贡献奖等，或者积攒小星星，达到一定数量后，可以兑换神秘大奖。

不同的家庭，可以根据实际情况组织实施家庭会议制度。通过开家庭会议，每个家庭成员都可以知道其他人做了什么，取得了哪些成绩，解决了什么问题，下一步的发展情况。这样会让整个家庭更和谐，更有温度，更有凝聚力。

一个不成长的人，会影响其他家庭成员的成长，大家相互渗透、相互感染，就会陷入恶性循环。所以，成长不是一个人的事，只有每个人都成长，家庭才能成长。

【逆袭心法：有家的地方才有幸福。世界很大，幸福很小，有家回，有人等，一起陪伴，一起成长，便是幸福。】

7.5 做自己的人生设计师

苏格拉底说："未经审视的人生，不值得度过。"那么，未经设计过的人生，会不会也有一点随意呢？人生就像盖房子，我们就是设计师，只有做好人生的顶层设计，才能成就更好的自己。

人生最大的悲哀，莫过于人云亦云、随波逐流，纵然千帆过尽、历尽沧桑，却不知道自己真正要什么。我们常常被主流思想所设计，被生活的惯性所牵引，但这是我们想要的人生吗？

我们从出生到 65 岁，会经历五个阶段：成长阶段、探索阶段、建立阶段、维持阶段和衰退阶段。65 岁以后，回首过往，如果我们"不因虚度年华而悔恨，也不因碌碌无为而羞愧"，我们的人生才是有意义的。

别人说我不善表达的时候，我就去练习演讲；别人说做礼品只需要模仿的时候，我就去设计爆品；别人说不看好一家公司的时候，我就帮它实现销量百倍增长；别人说没有时间去创作的时候，我正在写这本书。

无论别人怎么说，都不能替我设计人生，因为别人永远不会为我的人生负责，我才是自己的主角。那么，我们怎么才能设计出自己的精彩人生呢？

第一，制定人生目标，找到正确方向。

在制定人生目标时，我们一定要明确：我要成为什么样的人？我为什么而活？只有明确自己想要什么，并了解目标深层的意义和价值，我们才会积极、主动地付诸行动。

把与目标相关的重要事情罗列出来，比如工作、生活、社交、健康、教育、家庭等，然后制订详细的目标实施计划。作为优秀的设计师，如果没有具体的执行方案，再高的设计水平都毫无意义。

在设计过程中，我们一定要结合自己的情况，发挥自己的优势，在正确的方向上努力。我们只有深刻理解自己当下的位置，才能更好地规划终点，最终到达目的地。

第二，对生活保持好奇心，探索多个自我。

用设计师思维去规划人生，人生才会与众不同。设计师只有保持对生活的好奇心，才能发现人生更多的色彩。达·芬奇上知天文、下晓地理，艺术、科学、建筑、医学无一不通，他对事物强烈的好奇心，让他取得了巨大的成就。

人并不是只有一个自我，随着时间的推移、环境的改变、经验的累积、机遇的呈现，我们会发现不同的自我，只有保持强烈的求知欲，放下"执我"，才能发现更多的"自我"，从而设计出更精彩的人生。

第三，小跑试错，快速迭代，优化自我。

学会记录美好的生活，是保证持续行动、培养良好习惯的重要方法。通过记录，我们可以关注自己的"心流体验"和能量水平，找到行动过程中的"成就事件"。当我们达成一个个目标后，我们就会获得成就感和满足感，从而激发自己更大的潜能。

同时，我们要培养自己的设计师思维，思考多种方案。赛马前，谁也不知道哪匹马会胜出。面对人生的设计稿，哪个方案才是最优的呢？谁也不能给出正确的答案。人生最大的错误，在于想得太多，而做得太少，只有采取行动，不断试错，不断迭代，持续进化，才能确定最佳设计方案，并收获理想的结果。

第四，保持多样性，提升反脆弱能力。

在采取行动的过程中，我们既要专业、专一、专注，全身心地投入，也要随时关注变化，提高警惕，适应环境。只有审时度势，适时调整，探索方案的多样性，我们才能获得更强的竞争力。

人生不能只有一条路，除了 A 计划，设计师还应该提前设计好 B 计划、C 计划，这样才不至于无路可退，输得狼狈。破釜沉舟是置之死地而后生的无奈之举，我们千万不要在有选择的时候，就把自己逼到绝境。只有保持变通性、灵活性，做好风险控制，我们才能提高人生的胜算。

第五，接纳失败，调整方向，重新上路。

人生是一个过程，而不是一个结果，这个过程充满变化和挑战。我们既要做好迎接失败的准备，也要时刻保持乐观的心态。接纳失败，才有资格获得成功。人生经历的所有挫折和磨难，不过是成功路上的垫脚石。我们应该在错误中吸取教训、重新上路，而不应该在失败的泥潭中无法自拔。换个心境看成败，换个视角看世界，我们才能真正掌控自己的人生。请记住：人生如棋，我们是棋手，而不是棋子。

　　无论年轻与否，我们都可以设计自己的人生与未来。现在就开始行动，拿出纸笔，写出你的梦想，执着你的热爱，做好人生规划，用心勾勒你的幸福生活吧！

　　如何才能幸福地过好这一生呢？做你想做的事，追逐你想完成的梦想，活出你想要的精彩。人生没有固定的格式，以自己喜欢的方式度过一生，便是幸福的人生。

　　世界太大，人生太短。在人生的旅途中，愿我们不忘初心，不畏艰险，风雨兼程，一路向前，完成自己设计的人生蓝图，做一名幸福的人生设计师吧！

　　【逆袭心法：我们没有选择人生起点的能力，但我们有设计人生的权利，做自己的设计师，把命运掌握在自己手里。】